農家・農村との協働とは何か

50のテーマから考える協働学入門

日本農業普及学会 編

農文協

はじめに

この本は、変貌著しい農業と農村が今後よりよく持続していけるように、まわりの人たちに何かできることはないか、「農家・農村と〈協働〉する」という視点から、一緒に考えていこうというものです。

これまでも農業者や地域住民は様々な場面で力を合わせて「共同」し、「協同」で事業を興してきました。この先もそれらは重要です。これに対して「農家・農村と〈協働〉する」とは、直面する問題打開のために、農家や農村の住民とまわりにいる様々な立場の関係者とが立場を超えて一緒に働くことです。このような立場が違う人たちの「協働」によって埋められるべき“すき間”は、社会が都市化し農家や農村が少数派になるほど拡大していくでしょう。また、そうした協働は、食べ物や空気、水、生命を生み出し、再生産する農業と農村という場で行われるだけに、資源問題や環境問題など現代文明の問題打開にも示唆を与えるものです。

こうした協働は、これまで、主に公的な農業改良普及事業や農協の営農指導事業において自覚的に取り組まれてきました。そうした職業的な経験の積み重ねからわれわれが学ぶべきことは多く、この本もその産物の一つです。しかし今後、農家や農村との協働がさらに力強く生命力を発揮していくには、民間企業や都市の消費生活者など幅広い立場の人々の多様な考えや提案を受け止め、練り上げていく態勢を構築していくことが不可欠です。この本の出版がそうした方向に足を踏み出していく一助になれば幸いです。

この本では、農家・農村との協働に欠かせない項目を50のテーマと25のBox（コラム）に絞り、4章を編んでいます。「Ⅰ　農業・農村をみる視点」では、農業・農村を時代の流れと新しい動きから俯瞰し、「Ⅱ 協働のかたちと協働者への期待」では、より直截に協働、技術との向き合い方、協働者の役割を問い、「Ⅲ 協働の作法」では、協働の基礎技能や農家との向き合い方、協働の実践などに迫ったうえで、「Ⅳ 協働学の展望」では、悩みつつ協働する力を問い、普及学から協働学への展開、世界のAKIS（農業知識情報・イノベーションシステム）や途上国支援にも視野を拡げつつ、協働者が赴く協働学、それがめざす世界に言及しています。加えて、以上の紙幅で触れきれないものを深掘りする座談会を設け、読者との対話の間口を広げることをめざしています（「Ⅴ 座談会 本書を深読みする」）。

読者の方々にとってこの本が、農家・農村との協働に関心をもち、協働していくキッカケの一つになることを心から期待します。私たちは、若い方々を含む多様な読者に届くことを願い、「みんなで」を合い言葉に侃々諤々議論してこの本をつくってきました。同時に、専門的な背景や実践経験を異にする26名の執筆者の異見を無理に調整することはしませんでした。異見が協働の行き詰まりを打開することもあるし、多様な読者が思わぬところに関心を寄せ、協働に赴くキッカケとなることがあるかもしれないからです。

この本は、日本農業普及学会として「協働」を取り上げる2冊目です。1冊目は、東日本大震災後に被災農家に寄り添う普及指導員たちの協働の営為に迫った『聞く力、つなぐ力』（農文協プロダクション、2017）です。同書は、復興の原動力が被災した人々の声を真摯に聴き、つなごうとする協働者たちとの協働にあったこと、そうした協働の役割が今後の社会でますます重要になることを物語っています。そして2冊目の本書を世に送り出すにあたり、農家・農村との協働的関係のより幅の広い形成と深化が、令和時代の日本の農業と農村、そして地域を再建させる鍵であることを私たちは確信しています。

出版にあたっては、農文協プロダクションの田口均氏の献身的貢献が不可欠でした。心から感謝します。

編集委員長・前日本農業普及学会会長　佐藤　了

CONTENTS

III 協働の作法 ……………………………………………… 71

I

農業・農村をみる視点

農業・農村とは何か

時代の流れと農業・農村

農業・農村をめぐる新しいうごき

■農業・農村とは何か

農業・農村の営みを持続させる「協働の物語」とは

01

農業は工業とどこが違うか　農業も工業も、人間が生きていくために「モノ（物的財貨）やサービスを生産する経済活動」（日本大百科全書）である。だが、農業は工業とどこが違うかと問われると、誰しも多かれ少なかれ、自然との関わりの深さやつきあいの作法の違いを思い浮かべるだろう。工業では均一化した環境のもとで均一化したモノを作ろうとするようにみえるが、農業では特定の場所や特定の季節の影響下で動植物というイキモノの生命活動に働きかけ、より良く育てようとする。

農業の営みに刻まれたもの　モンスーンアジア東端の日本列島の自然風土の特徴を、和辻哲郎は「暑熱と湿潤」ととらえ、その“強さ”を「自然が人間に従う」欧州等と対照的に描いてみせた[1]。風土が人間活動にどこまで影響するかには諸説があるが、春先、急上昇する温度と湿度はこの列島の全生物の活動を活発にするから、幼苗期の作物は人々に雑草や病虫害への観察と防除作業を強く要求する。続く立毛期を通じて台風や豪雨、所によっては夏に寒ささえ襲うから、人々に細心の警戒や対策を要求する。

そんな環境下で、先祖たちは、水田農業に活路を見出そうとした。まず、治山治水対策を施し、用排水路と農地を造成し、農村集落の住民は総出でそれらを保全管理して農耕の土台をつくり、個々の農家はその上に立って初めて使用収益者として糧と益を追求することができた。こうした保全管理と営農の重層性は、これまでも、そして今日なお、農村で多様な家族経営が支えており、それは世界共通である[2]。

また、特定の自然と農業との長年の関わりは、農村地域に「あの山の残雪が鳥の形になったら種を播け」など、地域固有の知（local and indigenous knowledge）を育て、働き手たちの技能の知を蓄積してきた。人々はその知をセンサーとして働かせ、外部から持ち込まれる新知識や新技術を地域の自然や状況に照らして折り合いをつけ、農業の共同と協同の力に仕立て上げて、それぞれの地域に合った姿を追求してきた。

「協働の物語」で農業と農村の持続を　国の政策方針は予算を携えながら強い規制力をもってくる一方、都道府県の政策方針も、しばしば産地間競争に打ち勝とうとする色彩を帯びて農業と農村の現場に現れる。だが、それでもそのまま地域地域に粛々と内部化し定着化するものではない。地域には、特定の自然生態とつきあいつつ成り立たせてきた事情があり、人々の何とか自分たちの営みを持続させたいという願望がある。農業と農村の現場では、そのよりよい持続を実現していくために、そこに集う働き手たちがいかに「協働」すれば目的に沿った「物語」を紡ぐことができるのか、そのときの課題は何か、があらためて問われることになるのである。

そうした農業と農村の現場の「舞台」の働き手たちには、3種類の役割が想定される。まず、農業と農村の主人公としての農業者や地域住民たちで、自分たちの経営や地域の課題解決に努力する「当事者」である。そのまわりには、問題打開のための知恵や知識、技術や経験、資金や権限などをもつ、大学、研究機関、企業、行政などの「第三者」がいる。加えて本書では、「当事者」たちと同じ目線で、当事者ファーストをめざして協働する「半当事者」を“諸課題をつないでいく力”として重視する。その「半当事者」には、“つなぐ”役割意識と力をもつ農業普及関係者や農協営農指導職員、公社等団体職員、市町村職員、地域おこし協力隊員などが想定されるが、もちろん農家が担うこともありうる。こうして、「当事者」、「半当事者」、「第三者」がそれぞれの役割を果たしながら問題打開の「物語」を展開させ、経営や地域を持続させ、前進させていくのだ（II-Box 01）。

これまでは立場を共通にする人たちが取り組む共同と協同の「物語」が多く、それが今後とも重要なことは間違いない。だが、今日、課題が複雑化し、当事者が少数者になりつつある中では、問題打開の「物語」を共有して貢献したい人なら誰でも、都市の消費生活者も含めて加わっていけるような多様な「協働」のかたちが、いま、切に求められている。（佐藤 了）

■農業・農村とは何か

農村と都市はどこが違い、どうつながっているのか

02

農村と都市の違いとつながり　農村（農山漁村）と都市の違いは、人、建物、道路等の多寡、高低、濃淡などにみることができるが、ともに人間が狩猟採取の生活から農耕の生活に移行する中から生まれてきたようだ。

農耕生活の生産力が上がって剰余が生まれると、贈与や返礼などの物々交換を越えた市《いち》が交通の要所や行政・軍事・宗教施設の近くに立ち、そのまわりに人々が「定住」して「消費」する都市の卵を誕生させる。柳田國男によると、もともと日本では、農民が作った生活物資を、漁民が、山民が作った木舟で市に運ぶという連係プレイから始まったらしい[3]。

「田舎をこそ頼める」都市の暮らし　ところで、「京のならひ、なにわざにつけても、みな、もとは田舎をこそ頼める」と、鴨長明は、1181年（治承5）の飢饉のさなか、『方丈記』に記した。都の暮らしが「田舎をこそ頼める」のはその後も同じで、現代のわれわれも変わらない。

変わったのはまわりの事情である。都市では、貨幣経済や金融が発達し、カネでモノを集める力が強くなった。日本でも、室町期にはすでに「飢饉で上洛」と記述した文書が現れた[4]。物資が不足してもカネの力で集めれば都は田舎より飢饉に強くなったのだ。今日の大都市は、その比ではない。世界中から多国籍のモノが調達できるからだ。恵まれた状況だが、頼める先を知らずに贅沢の限りを尽くし続けるならば、M・ウエーバーが悪しき例とした「寄生生活者階級が集まる消費都市」[5]が膨れ上がり、自然生態も田舎も喰いつくすかもしれない。

生活に自然を取り込む　人間は、確かに自然の拘束から解放された生活を求め、楽な方へ便利な方へと流れてきたが、他方で、その生活の中に自然とのつきあいを取り込もうとしてきた。その典型が「庭」だろう。便利な生活を手に入れた近代の人間論や教育論から生活の基軸に自然交流を据

えるキンダー・ガルテン（幼稚園）やガーデン・シティ（田園都市）が創案され、日本にも取り入れられてきた。また、最近の日本では、市民農園への申し込みが多く、自治体の対応が間に合わないほどの盛況で、癒しや満足を求める諸々のツーリズムの動きも活発である。それらに呼応してメディアも、グルメ報道に偏りがちとはいえ、都市生活の「ベランダ菜園」や「自然を取り入れた生活」から「田舎ライフ」などの報道も増えつつある。

農村に移り住む条件と協働　都市に住みながら自然に触れるライフスタイルは魅力的だが、もっと直接的に農村の住民となって生きたいという人たちも増えてきた。以下、その一つの『田園回帰』に注目しよう。

小田切徳美によると、いま、「学び合いの場としての農山村」への『田園回帰』が起きている（中山間地域フォーラム、2018）。①子育て・教育環境が女性を動かし（30歳代女性の55.6%が「子育てに適している地域」は「農山漁村」と回答、「都市」38.9%（内閣府、2014年））、②若者が学びを生かして「仕事がない」状況を起業・継業・移業・多業などで乗り越え、③地域づくりに関わって学び合う「にぎやかな過疎」を駆動させ始めている、というのだ。

どうすればそのようなことが起きるのか。子育て女性の場合、まず、①「自然豊かなところで子育てしたい」という潜在的要望が都市部を含む女性たちに生まれる、②それを農村部の人たちや行政機関などの「第三者」が察知し、地域の関連環境をより良い状況に工夫改善する、③それだけではなく、自分と同じ目線であれこれを知らせ、親身に助力する「半当事者」との交流がそこでの暮らしになじんでいくには特に大切なのではないだろうか。さらに共同と協同に基づく農村の暮らしを知ってそのことに親しみを抱くなら、すでにそこの住民と言うべきかもしれない。

農業と農村は、いま、多くの人々の「自然ある教育や暮らしを」という願望に応える場ともなってきたが、その実現には、どういう条件を整備し、どういう「協働」の態勢を組むかがカギとなってきているのではないだろうか。（佐藤 了）

■農業・農村とは何か

農業における地域と風土
——自然生態系のサブ・ユニットとしての“農”

03

「鍬は国々にて三里を隔ずして違うものなり」　江戸時代の農書、大蔵永常著『農具便利論』に「鍬は国々にて三里を隔《へだ》ずして違うものなり」という名句がある。今と違って村々に野鍛冶がいて、鍬が農家の手づくりであった時代のことである。

寒帯から亜熱帯まで、南北に長い日本列島は四季折々の変化に富む。山々から流れ下る雨水は列島に多様な地形をつくり、そこで生まれた気象・土壌、息づいた生命と協和して多様な風土をかたちづくってきた。遠い昔、この日本列島に住み着いた私たちの祖先は、その地域の多様な風土の中で、これに適する多様な作物と家畜、農法を見出し、独自の農業を育ててきた。

永常のいう「三里を隔ずして違う」鍬とは、こうしたこの国の風土の多様性と、そんなそれぞれの地域の異なる風土の下で鍬1本にまで工夫を凝らして土地に合う農業を模索した歴代の農家の労苦を称えたものだろう。

国際化時代の高生産性農業、農業の地域離れ　だが、そんな地域色豊かであった日本農業から、最近は地域色が薄れつつある。国際化が進み、食生活が変わる中で、生産者の声より大都市の消費者の声や食品流通業の都合の方が優先されるようになったからである。日本中の水田に「コシヒカリ」か、その近縁種が植えられ、野菜といえば年中温室トマトやイチゴが食べられる時代である。国際化に対応できる農業の近代化は喜ばしいが、はたしてそれだけですむかどうか。

国内では農薬や化学肥料への過度の依存が招いた食の安全性への不安、大都市への人口集中が招いた農村の過疎化と後継者不足。海外からはBSE・口蹄疫・豚コレラなど家畜伝染性病害の侵入、輸入農産物の残留農薬問題など、食の安全や環境の保全を脅かす出来事が頻発している。近代化の影で蓄積されたこうした負の効果からも目を背けるわけにはいくまい。

自然生態系資源循環の一員としての“農”　ここからは農業でなく“農”の問題だが、もともと農は単に食を賄うためだけの手段ではない。化学資材がふんだんに持ち込まれるようになった近代農業は別として、それ以前の農業は人類が自らを地球の自然生態系につなぎ止めるために見出した究極の手段であったといってよい。

地球上のそれぞれの土地に、農作物と家畜を仲間に住み着き、自らの糞尿や廃棄物を堆肥に変えて土に戻し、降り注ぐ太陽エネルギーを利用して生存に欠かせない衣食住資材を再生産する。そんな自然生態系と親和する〈資源循環のサブ・ユニット〉を持ち込んだからこそ、私たちは生態系に許容され、その一員として今日まで生き延びることができたのである。

農がなかったら、この地球の至る所に住み、今や宇宙にまで進出しようという人類の繁栄など望むべくもなかったろう。日本列島の多様な地域・風土に、鍬まで工夫して同化した農があったからこそ、この狭い国土で世界屈指の高密度人口を支え、繁栄することができたのだろう。

新たな“農”の燃えさかる時代へ　近代農業は、今や80億にも達しようとしている人類の食の確保には貢献したが、〈資源循環のサブ・ユニット〉であったかどうか。むしろ省力機械化などの技術の進歩が農村から大都市への人口移動を助長し、大気汚染や水質汚濁、さらに地球温暖化の要因にさえなってしまった。地域から農が消えるとき、〈資源循環のサブ・ユニット〉機能も破綻する。生物多様性は失われ、溜池や水路は荒廃し、加えて農村景観・文化も消滅する。

このあたりでもう一度、自然生態系の中の農の意味について、考え直してみる時期がきているのではないだろうか。さいわい、最近は各地で特産農産物の開発、有機農業や6次産業化などなど、消費者や地域産業まで巻き込んで農を見直す活動が多くなってきている。「三里を隔ずして」とまではいかなくても、令和の農業は農家と消費者・地域住民が協働してつくる地域色豊かな資源循環型農業、自然生態系農業が燃えさかる時代であってほしい。（西尾敏彦）

Box 01

農村社会の特性について

むらの暮らしは、農林漁業、商工業、教育、福祉、文化、芸術、自治などの多様な分野が統合的に複雑に組み合わさり成立している。様々なリソースの結合体でもある。近年は、農業の産業化と地域社会の維持に注目されることが多い。

むらは、群れからきているとする学説があるが、それは、権力的な有力農民のもと、隷属的な大家族的支配の苦痛に耐えかねて、農民が群れとなって逃げ出し独立した小農の共同体が形成されたところに由来するといわれている。その逃げ出した人々は、自治の方法として「宮座」という権力が集中しない世話役の持ち回りを行い、重要事項や紛争の合意を「入れ札」という投票制度で解決する仕組みをつくったとされている。

筆者の集落（石川県野々市市）の農家組合の役員は、組合長と副組合長は持ち回りで、ほか同数程度の役員を投票し公選している。いわゆる「宮座」と「入れ札」の複合による執行体制を昔から延々と続けている。

むらでは、協働をいかに高めるかが課題であるが、隠れた人材を発掘するのには、持ち回りの役も機能しており、経験や知識を生かした意思決定をするには、知見のある者を民意で選ぶことで最適な判断が可能となる。

協働の原則は、合理的な組織構成の実現と多様な意見の集約プロセスとその決定にあると考える。そのきわめて合理的な手続きが踏まれていれば、建設的な合意と実行が生まれやすくなる。

農業では、何かと予算の獲得に紐付いた政策に依存する行動に動きがちで、それがむらの自治を翻弄するときがある。加えて、担い手とされる農業法人等が地域の中核となることで権力化し、秩序崩壊の懸念がある。本来、むらは最小の自治組織であり、運営はその構成員に任されている。最終的には、行政の最小単位として集落自治法人を設立しその運営が必要であると考える。暮らす人たちにとって住みやすい「むら」を創ることは、ひいては国民にとっても「素晴らしい農林漁村を創る」ことにほかならない。

（佛田利弘）

Box 02

人間は自然をどうとらえてきたか

戦前までほとんどの農家は、自然という言葉を用いることはなく、「天地」といってきた。人間も天地の一員だと感じていた。天地は農家の思うとおりにはならないが、それは当然のことであって、天地に対しては受け身での態度に終始してきたのである。

江戸時代中期の熊沢蕃山の思想をみてみよう。

「草木も強き日照りなどにしぼむを見ては、わが心もしほるるごとし。雨露の恵みを得て青やかに栄えぬるのを見ては、わが心も喜ばし。これ万物一体のしるしなり。」(『集義和書』)

受け身に徹するからこそ、「万物一体」の境地に達することができた。ところが、それでは人間が主体的に自然に働きかける態度をよしとする近代化精神では、あまりに消極的だといわれる。そこで自然を「制約」だととらえ、それを積極的に克服していく道を提案したのが、1961年に制定された「農業基本法」であった。その前文の「農業の自然的経済的社会的制約による不利を補正し」は、農業は産業として、工業に対して「不利」であると宣言し、保護する論拠と、農家の尻を叩く論拠になっている。

しかし、そもそも農業とは「自然のめぐみ」である農産物を、自然に対価を払うことなく手にしてきたからこそ、感謝が前面に出てきたのである。その「制約」面を強調するのは、農業観の大転換だったのである。しかし、そうした自然観の転換が議論されたことはなかった。したがって、昭和40年代になると伝統的な「とれる」、「できる」という受け身の天地自然観は、「つくる」という技術観に席を譲ってしまった。

自然を「制約」、「束縛」、「限界」だととらえてしまうと、農業は自然との関係の豊かさを表現できないのではないか。夏の夕刻に現れる稲の葉先の露の輝きに、水分の循環を感じ、雨雲の発達を喜び、雨期を安定させてきた農のすごさを、私たちは何と表現したらいいのだろうか。(宇根 豊)

■時代の流れと農業・農村

国の経済が発展すると、農業は発展するのか衰退するのか

04

経済発展と農業の役割変化　農業は人類の生存に不可欠な食料を生産する産業である。生産性が低い段階では多くの労働や土地その他の資源を農業に投入する必要から、経済発展の初期段階では農林水産業（第1次産業）が経済全体の中で主要産業となる。しかし、技術進歩によって少ない労働や土地で十分な食料が確保できるようになると、余った資源を製造業（第2次産業）やサービス業（第3次産業）へ振り当てることが可能となり、経済発展に伴って農業の比重は低下する（ペティ＝クラークの法則）。農業の生産性向上は、人間を食料確保のための労働から解放し、物質的な豊かさと余暇を与えた。このように、農業発展は経済発展の基礎を提供するが、その結果として経済全体に占める農業の相対的地位は低下していく。今でも多くの発展途上国では、農村を離れ都市生活を送ることが豊かさの象徴となっている。

しかし、農業を6次産業（第1次×第2次×第3次）としてとらえると、経済発展＝農業の衰退という法則は成り立たない。食品産業、高付加価値化、ルーラル・ツーリズムなど関連産業の発展、さらにはグリーンエネルギーやバイオマス素材を利用した新産業創出の動きをみると、特に先進国では工業（製造業）に代わって農業（バイオ産業）こそが経済発展の牽引役となりつつある。このように、ポスト産業社会における農業の役割は、食料の供給から新産業創出の基盤へと軸足を移しつつある。衣食を満たした後の豊かさの追求は、製造業が牽引するモノの消費からコトの消費に変化し、農業も1次産業から6次産業へ進化しつつある。

成長経済から定常経済へ　資源制約や環境要因を考慮しなかった時代では、大量生産と大量消費こそが豊かさの象徴であった。しかし、「成長の限界」が指摘され、ゼロ成長下での真の豊かさを探求する「定常経済」への移

行が今まさに求められている[6)]。農業の役割を人類史的に俯瞰すれば、経済成長の基礎条件としての食料生産、成熟経済における新産業創出のための6次産業化、そして定常経済へ向けて他分野との協働による「真の豊かさ」実現のための公共財の供給へと変化してきたといえよう。ここで「真の豊かさ」を定義することはできないが、「生活」、「環境」がキーワードとなることに異論はないであろう。

農業は土地・水の利用を不可欠とし生活と切り離すことのできない生活基盤産業であり、動植物との共生を前提とする生命産業であり、環境を維持改善する環境創造産業である。定常経済で求められるのは、質の高い教育（生命倫理）、福祉、医療（予防医学）、環境技術である。

これらはいずれも、市場に任せていたのでは供給が不足する公共財であり、農業の営みの過程で結合産物として市場取引なしに供給され続けてきた。市場経済では、価格のつかないものはどんなに価値のあるものであっても評価されないので、農業は衰退産業と見なされてしまうのである。あるいは、農業の営みは人類の歴史とともに古いので、農業が無償で提供し続けてきた教育、福祉、医療、環境サービスは、その存在すら意識されない「空気」のようなものともいえる。空気がなくなってから空気のありがたさに気がついても遅い。農業が衰退すると公共財の供給も低下する。

しかし、農業単独ではこれらの公共財の提供はできない。農業の公共的役割を正しく理解してもらうためには、市場では評価されない価値を見える化して、関連分野と協働してより望ましい農業の姿を模索しなければならない。（横山繁樹）

■時代の流れと農業・農村

小規模経営や家族経営は時代遅れになって消滅していくのか

05

国連は2019～2028年を「家族農業の10年」と定め、家族農業が食料生産の主要な主体かつ農村における社会経済の基礎であり、自然環境や伝統文化を維持・保全し、また地域ネットワークの中核をなしているとしている。そしてこの家族農業の発展に助力することが、SDGs（持続可能な開発目標）に高い優先順位を与えている農村の貧困撲滅と食料の安全保障に大きく寄与するとしている。

「家族農業の10年」が途上国の農業・農村の開発を中心に据えていることは確かであるが、わが国の家族農業に即して解釈し直した場合にも決して不自然ではない。わが国では小規模な家族経営が主要な農業の担い手であり、農業経営体138万戸のうち家族経営体は98％を占める。またそのうちのほぼ1割は、農業が経営の中心をなす主業農家である。家族農業は農村においても人的および情報のネットワークの中核に位置している。

例えば、土地改良区でのまとめ役、集落自治会の組織運営、行政との連絡・調整、年中行事や祭事の進め方など、地元で生まれ育ち、また農業を営んできた長年の経験知が、頼られる存在であることは間違いない。米や飼料稲、麦類、大豆など土地利用型農作物はおおむね小規模な家族農業によって栽培され、水田の高度利用に果たす役割は大きい。露地栽培による多種多様な地元産野菜の多くも家族農業によって生産され、農協への市場委託出荷、消費者への直売などを通じて販売されている。高齢者や女性、そのグループにとっては、野菜の栽培と直売が生きがいともなっている。

家族農業は、高齢者や女性を中心とする家族労働力により、小規模な耕地のもとで、水稲＋露地野菜＋家畜を組み合わせた耕畜複合経営を展開し、農産物の一部は家庭内利用へ向けられ、他は様々な流通のルートや形態によって販売している。できるだけ外部からの農業投入財の使用を抑えて有機肥料を投入して低コスト化を図り、安全・安心な農産物を供給しようと心がけている。この過程で土壌や水などの基礎資源は安定的に維持され、また集落ベースでの共同作業による農道の草刈りや山林の下草刈り、河川の土手の焼き払いなどで、自然環境は保全されている。最近では、若者が「農のある暮らし」に憧れ、就農者がいくらか増加する傾向にある。また定年を迎えると同時に帰農する者も増えている。こうした若者や定年帰農者の増加は農村に少しずつ活気を取り戻している。

家族農業は小規模であることから、単独では大型で高性能な機械や施設を導入することが難しい。このため、数戸や集落単位でそれらを共同利用、あるいは近隣の大規模農業経営体と連携関係を結び、機械による作業委託や水管理等の受託を通して、弱点を克服するための多様な試みがなされている。家族農業の間でも、協力しあいながら労働力不足に対応した農作業の受委託が盛んに行われている。また、共同育苗、共同防除、共同出荷など、家族農業間の結束した力により、小規模というハンディを克服している。このように、家族農業が生き抜いていくための知恵は、多様に工夫されている。

政府は、「人・農地プラン」に基づき、就農意欲と経営能力が高い農家に農地を集約し集積化することによって、大規模農場や法人化による農企業を創出し、農業の産業化、経営の効率化を政策目標として掲げている。しかしながら、こうした経営主体の出現に大きく偏ってしまえば、家族農業が農業・農村に果たす基盤的な機能や役割は大きく損なわれてしまう。特に営農条件が不利な中山間地域では、農業を担う高齢者がいなくなると、地場の農業だけでなく集落そのものが消滅してしまう可能性が高い。

産業として自立する大規模な企業的農業と地域に密着して暮らす小規模家族農業がそれぞれの役割分担を果たしながら、共存する有効な手立てを見出していかなければならない。ただし家族農業といえども、企業的センスを取り入れて、農業生産の拡大と経営の効率化を、商品とサービスに高付加価値を求める消費者のニーズに対応させながら進めていく必要がある。家族農業の存続と発展は、それぞれの地域条件に即して真剣に模索し続けていかなければならない。（板垣啓四郎）

■時代の流れと農業・農村

農業の近代化の良い面と悪い面の理解をどう深めるか

06

日本人にとって「近代化」とは、西洋からもたらされた外発的なものである。したがって、西洋に比べて日本の近代化は、百年あまり遅れて始まった。このことはとても重要だ。なぜなら近代化を急がなくてはならなかったからである。

私たち日本人は、近代化の本質は、西洋並みに進歩・発展することだととらえてきた。そのために近代化の負の面に気づくことも、西洋よりも遅れてしまった。農業においては、近代化は戦後になって本格的に推進される。近代化技術、近代化施設、近代化稲作、近代化資材というよび名に暗い影はなかった。近代化の成果は雄弁に大量に語られている。

しかし、弊害や欠陥の真因は語られることが少ない。たとえば昭和30年代に農薬の散布で亡くなった農家は、年間数百人に及んでいたことを、知っているだろうか。多くの生きものが死に、やがて母乳まで農薬で汚染されたのに、政府による農薬の規制が始まったのは、1969年からだった。

農業の近代化は、農家が望んで始まったものではない。農家は近代的な進歩や発展を待望していたのではない。前近代では、変化しないで安定して持続していく社会が続いてきた。前近代の社会が農業を中心にしたシステムだったからである。農業とは基本的に、毎年天地自然のめぐみが、変わらずにくりかえしてもたらされることをよしとする。したがって、稲の収量をみてみると、江戸時代を通してさほど増えていない。ところが明治以降になると、増収していく。それは近代化によって人口が増えるので、農業は国家の要請を受けざるをえなくなったからだ。

明治期の近代化を、農家がなかなか受容しなかった象徴的な事例を紹介しよう。江戸時代までは日本語に「害虫」という言葉はなかった。農書をみてもすべて「虫」と記載されている。したがって農学者は「害虫」という概念を村の中に普及するのに、とても苦労したのだった。しかし、日本農学と農業指導によって、徐々に百姓言葉も近代化されていく。それは単に言葉がモダンなものに言い換えられたというものではなく、言葉に付随した精神も近代化されていったのである（例えば、草とりを「除草」に、はかどるを「生産性向上」に、出来を「収量」に、田まわりを「水管理」に、という具合である）。

しかし、現代では、前近代はほんとうに見直されているだろうか。農業は工業と違って、近代化することによって、大事な世界が失われていく。こういう近代化に対する反省の視点は、生かされているだろうか。農業の近代化はむしろさらに加速しているような雰囲気である。全国どこの村でも、農家の減少や増え続けている耕作放棄地や自然環境の荒廃は、さらなる近代化で解決できないことは明らかではないだろうか。

そうであれば、ここで立ち止まって、農業と近代化の関係をもういちど見つめ直して、新しい道を探すべきではないか。近代化で失われたものを再評価するまなざしをもたないと近代化の先を考えることはできない。農業の「工業化」、「近代化」ではない道を、EUではとっくに模索している。

日本には西洋とは異なる豊かな前近代があった。もちろん前近代に戻ることは不可能だが、少なくとも天地自然のめぐみを受けとめる田畑や里山は、前近代からの贈り物の代表である。近代化技術によって、投入エネルギーは産出エネルギーをはるかに上回るようになった。農業はもはや「生産」とはいえない事態になってしまっているのに、その対策は立てられていない。食料も単なる「自給率」の数字の高低を議論するばかりで、日本農業の窒素の収支が年間百万トン以上の過剰な蓄積になっていることは、岩元明久らが明らかにしている[7)]。ところが、こういう脱近代を促す知見を生かそうという視点が、いまだに農政や農業技術には希薄である。

これからは、前近代の知恵と感覚を、再評価するために近代的な科学を積極的に用いながらも、科学ではとらえきれない世界を人間の感覚でとらえていく「学」が農学にも求められている。つまり理論化、法則化、普遍化することにこだわらず、情愛や個人的な経験や伝統の再解釈などを表現していく学である。（宇根 豊）

農産物直売所の始まった背景と現代的な意義は何か

07

農産物直売所とは、通常農業経営体または農協等が自ら生産した農産物や加工品を定期的に不特定の消費者に直接対面販売をするために開設した施設や場所をさす。2015年のJA全中の調査によると、農産物直売所は全国2万3,590施設、年間約1兆円の販売額を誇る一大流通拠点に成長している。

農産物直売所の変遷と発展　顔が見える販売の最も原始的な流通方法である「朝市」は、定期的に市をたて、持ち寄った農水産物や加工品などを消費者に直接売買することから始まり、現在も観光地だけでなく朝市が行われている地域は多い。

関東大震災後の食糧不足の中、農村部から都市部へ列車を使って農産物を運び各戸を回って自ら販売する「行商」などの販売形態も生まれてきた。

1928年（昭和3）から現在も継続して営業している鎌倉の「農産物直売所」は、当初農家各戸が引き売りをしていたが、外国人牧師からヨーロッパでの直売方法を聞き「農家が自立するためには、生産するだけでなく組織的な直売態勢をつくることが必要」という思いで始まっている。

様々な形態で発展してきた直接販売であったが、消費者を意識した販売形態の農家は少なく市場出荷が主流だったため、長い間、個人の無人販売など、一部の動きにとどまっていた。しかし、輸入農産物の増加による市場価格の低迷、労働力不足、食の安全安心への関心の高まり、消費構造の変化など外的要因により市場一辺倒の流通から直売にシフトを変える農家が増えていった。より経営向上を目指すうえでは、日々出荷できる場所を考えることが必要になりつつあった。

成長のきっかけとしては、1993年から各地の主要道路沿いに休憩所兼地域産品直売所として「道の駅」が設置され、地域の農産物の直売コーナーが出店されるようになったことがあげられる。直売所は道の駅の目玉として扱われ、地産地消のブームに乗り「ファーマーズマーケット」は全国的な動きとなっていった。

農産物直売所の意義　農産物直売所を始めた理由として考えられるのは、第1に農家に価格決定権があることである。今までの市場流通では価格や規格は市場原理で決められていたが、中間マージンがなく所得向上が見込めること、規格が緩やかなため廃棄ロスが減ることなどが農家の生産意欲を最大限に引き出すことにつながった。

第2に市場流通との違いは、収穫から販売まで時間がかからないことから、新鮮・安全をキーワードに、旬の時期に自ら育てた野菜への消費者の反応や評価を直に聞く機会ができたことによるやりがいである。また販売において、出荷時期や野菜の種類や量目、パッケージなど自らの工夫で成果が得られ、創意工夫が生かせるようになったことである。

第3には直売において、中心的な役割を期待されている女性たちの自立の動きである。農家は自給自足を原則に生活してきており、様々な野菜をつくる技術を身につけている。今まで培ってきた農産物の生産技術・加工技術を生かし、女性起業家として新たに付加価値をつけて、漬物やジャム、みそ、餅、赤飯、おこわ、菓子類などの加工に取り組んでいる。農業者自らが個人あるいはグループ完結で6次化に取り組む事例や、農家が生産した農産物を地域資源として活用する事例、地域の農商工連携で6次化に取り組む事例も生まれてきている。

第4に農業生産者の高齢化や労働力の低下により、市場流通におけるロット対応が難しくなってきていることもあげられる。

今後の課題　農業者の高齢化により、多品目野菜や加工技術をもつつくり手が不足しているため、技術の継承が早急に必要である。直売では、自分で値段が付けられる一方、個別に安値で販売し安売り合戦に陥っている直売所も多い。再生産可能な価格での販売に対する意識統一を進め、協働者として問題点を把握・提示し、農産物直売所の運営側と生産者側の思いを摺り合わせ、直売所としての機能が発揮できる運営や体制を支援する人材が望まれる。(佐藤美智子)

■農業・農村をめぐる新しいうごき

都市農業の特徴は何か、なぜ見直されてきたのか

08

都市農業は、2015年4月に施行された都市農業振興基本法第2条で「市街地及びその周辺の地域において行われる農業」と規定され、都市の中で都市と調和しつつ存在する農業である。

それ以前、わが国の都市農業は、大きな変動過程を経てきた。すなわち、高度成長期には、宅地や工場などの産業利用する土地などの需要が高まり、1968年に農地の転用を促進する「都市計画法」が制定された。これにより、市街化区域内農地は転用して宅地などになることが期待された。また、都市農地の資産価値が羨望の的になり、マスコミからは都市農業不要論も多く投げかけられてきた。

そうした空気は、1991年のバブル崩壊を契機に一変したと考えられている。それは、ずっと続くと思われた日本の産業の高度成長が停滞期に入ったことを予感させ、今までのような物流のあり方が見直されるとともに、地産地消（地元のものを地元で消費する）の概念などが育くまれた。また、1993年に発生した平成の米騒動や2000年前後の中国からの輸入野菜の農薬問題など農産物にまつわる問題が発生したことから、安全・安心で新鮮な農産物を求める都市住民の声が高まり、都市農業が大きく見直されたと考えられる。

都市農業の特徴は、機能面では6つの発揮すべき「多様な機能」のポイントがある。この機能を具体的に述べると①農産物を供給する機能、②防災の機能、③良好な景観の機能、④国土・環境の保全の機能、⑤農作業体験・学習・交流の場を提供する機能、および⑥農業に対する理解醸成の機能である。このうち、②防災の機能、⑤農作業体験・学習・交流の場を提供する機能、および⑥農業に対する理解醸成の機能は、都市農業に特有のもので、災害時における避難場所などや緩衝地帯としての活用、都市住民へ農業の

大切さや食農体験で農業を理解する場としても期待されている。

都市農業を統計数字（カッコ内は都市農業/農業全体の比率）で表すと、農家戸数は22.8万戸（9%）、農地面積8万ha（2%）、販売金額4,466億円（9%）などが浮かび上がり、農業全体と比較して、農地面積は少ないが、農家戸数が多く、販売金額が高い。これは、消費者が身近にいて、新鮮で高品質、安全・安心な農産物を求める都市住民や実需者に対し、比較的高単価で販売できるという点が大きいと考えられる。しかし、一方で都市農地の土地評価額は比較的高く、それゆえに固定資産税などの保有コストが高いという側面もある。そこで、多くの都市農業者は保有する土地を駐車場や賃貸住宅などを経営し、農外収入から保有コストを相殺しているケースも多くみられる。

都市農業の課題としては、農地の小規模・分散化が進み営農の継続が困難になることや、高齢者の割合の増大や担い手不足が深刻なことなどがあげられる。そこで、特に三大都市圏特定市（首都圏の5都県、中部圏の3県および近畿圏の2府2県）は税制面で2つの措置がある。

改正生産緑地法（1991年施行）では「宅地化する農地」と「保全する農地」に2区分化されているが、生産緑地地区の指定を受けると固定資産税が農地課税になること、および相続税納税猶予制度の適用を受け、低コストでの営農の継続が可能になる。しかしながら、生産緑地指定を受けるためには、終身または30年営農を行わねばならない厳しい条件が付されている。この制度で1992年に指定を受けた者が約8割にのぼり、2022年には30年営農の義務を終えることから「2022年問題」とよばれている。

このことから、新たに都市農業を安定的、継続的に維持・発展させるために「都市農業振興基本法」が制定された。この法律の理念のもと都市農業の多様な機能を発揮するため、農産物供給機能の向上や担い手の育成、および税制上の措置など、基本的施策の具体的な検討を進めることとなっている。（藤代岳雄）

Box 03

地元ブランド牛乳を軸に地域が変わる

2017年11月に神奈川県伊勢原市で地元産の牛乳が発売された。3人の酪農家の「地元から必要とされる酪農を続けていきたい」という想いが実現したのだ。3年半前、県の普及指導センターはその想いを実現させるため、市役所、一般市民、乳業メーカーとをつなぐプロジェクトチームを立ち上げ、地域に動きをつくり出していった。

人は「利益」だけでは快く動かない。その行動自体楽しいという「感動」がなければならない。さらに、人のために役立っていると周囲から「認められる」ことが重要なのだ。アメリカの実業家デール・カーネギーが1936年に出版した著書『人を動かす』の中で、「相手を認め重要な人物であるとの評価を与えることにより人は動く」と語ったように。

乳業メーカーの意見は当初、「新鮮な牛乳」だけでは商品にならないという厳しいものであった。そこで市役所の仲介で酪農家と市民が交流する場を設けたところ、互いの想いを評価し合う中から「新鮮さ・地域のみんなで一緒につくる・徹底した衛生管理」という新たなコンセプトが生まれた。これがメーカーにも受け入れられ商品化にこぎつけることができた。地域に役立ったとの自尊心から市民応援団も結成され、協働する楽しさも加わり、人は動いたのだ。

「いせはら地ミルク」は、令和元年現在、県域約100店舗で販売され、酪農家は農場HACCP認定など衛生対策に力を入れている。さらに県内の大学では地ミルク誕生の感動ストーリーの絵本を作るなど、連鎖的に人が動き、地元商品への愛着が湧くように地域が変わっていった。(神保信幸)

いせはら地ミルク

Box 04

農の豊かさの再発見

農を都市の生活者がどうみているのか、またそれを農に従事する人と地域がどう受けとめているのかによって、農の豊かさは明らかになっていく。

農を「農業」に限定してしまえば、その活動はビジネス活動の一分野に収斂されていく。多様な農作物を栽培し、農産物を出荷・販売することによって、一定の所得を生み出すという一連の農業者の姿である。そこでは、日々の生活に必要な農産物を、安全・安心を担保として安定的に供給することが、農業のもつ重要な社会的役割となる。

しかしながら、都市の生活者は、それにとどまらず、農業が営まれる現場に、土、水、森林、大気、生態などといった豊かな自然環境の存在を求めるだろう。その環境を、農を自ら実践し、自然が与える収穫物をいただくという得難い行為ができる体験学習の場としてとらえる生活者もいる。また農を持続的に行うことで、地下水を貯留する力、大気を浄化する力、豪雨による土壌流亡や地球温暖化を防止する力などを認識している生活者もいよう。のどかで伸びやかな農村の景観、そこに保持されている固有の文化や伝統、生活様式、住民相互の親密な相互扶助の関係なども、都市の生活者はそれを農の豊かさとして認めているかもしれない。

都市の生活者が農の豊かさを享受し再発見できるかは、農に従事する人たち、地域に住む人たちが、その期待にいかに応えていくかにも大きく関わっている。自然環境の観察、農による体験学習、地域の文化と伝統を知るルーラル・ツーリズム、地場産品の直売活動などを、地域からの発信力を用いて都市へ伝達していくことで、農の豊かさの再発見はさらに深められていくであろう。

このように、農は、ビジネス活動として、ライフスタイルの復権として、さらに豊かな情操を育む場として、多面的な広がりをもっているのである。

（板垣啓四郎）

Box 05

農業の先を読む、その難しさ

〈先を読む〉難しさで、まず思い当たるのは明治の「大農論」である。主唱したのは、元老の大久保利通や井上馨。フェスカ（駒場農学校教師）、佐藤昌介（札幌農学校教授）ら、農学者の支持もあった。欧米の先進農業を視察・体験した彼らは、「世界の農業に伍していくには、零細な米作りより、畜力による大規模機械化農業をめざすべき」と主張したのである。

大農論はしかし、間もなく聞かれなくなる。この狭い国土で多くの人を養うには「伝来の稲作を守り、これに西欧学理を加味することこそ上策」と老農が反対、米作りに固執したからである。固執は正しかったのだろう。その後続いた戦争の世紀に、これに呼応する人口の急増を成し遂げえたのは、間違いなく集約稲作の力である。おかげで稲作技術は急進、この国を世界屈指の米多収国に育てあげた。

その絶頂期の「昭和稲作」にクレームがついたのは1962年。琵琶湖や有明海に除草剤PCPが流入、魚介類が大量死した。69年には、牛乳・乳製品でも殺虫剤BHC汚染が問題化し、翌年には人の母乳からもDDT・BHCが検出される非常事態が発生した。

1974年、朝日新聞に連載された有吉佐和子の『複合汚染』には、「農林省の方々にお願いします。せめて殺虫剤は虫が出てから使うように農協を指導して下さい。もう一度、害虫に強い作物の作り方について考えて下さい。農村に出かけて、土を見てください」というくだりがある。農林省に限らず技術全体が、うかつにも環境問題に対する配慮に欠けていたのである。〈先を読む〉目がなかったというべきだろう。

〈先を読む〉目といえば、冒頭の大農論は、はたして先見性なしと切り捨てていいものだろうか。ここ数年、この国でも大規模農場が誕生、「世界の農業に伍していく」力をつけつつある。飼料用稲も開発され、耕畜連携も実現されつつある。大農論は形こそ違え、今、復活しつつある。元老が存命なら「それみたことか」というだろう。（西尾敏彦）

II

協働のかたちと協働者への期待

協働とは何か

技術とどう向き合うか

協働者の役割

■協働とは何か

農業者・農家と協働するとは どういうことか

01

農業における協働とは　広辞苑 第7版によると、「協働」は「協力して働くこと」とある。一方、「共同」には「二人以上の者が力を合わせること」とあるが、もう一つ「二人以上の者が同一の資格でかかわること」とあり、用例として「共同経営」があげられている。

つまり、農業における共同は、複数の農業者が一緒に作業、販売、経営等を行うことであるといえる。そうすると、農業における協働は、「(同一の資格ではない) 違う立場の者、すなわち農業者とそれ以外の者 (普及指導員等) が」協力して働くこと、と考えてよいと思われる。

農業者との協働に求められる姿勢　違う立場の者が農業者と協力する以上、その者には農業者と違う立場からの意見・判断が求められると考えねばならない。

例えば、農業者が当たり前だと思っている作業の問題点を指摘して改善策をともに検討したり、農業者が気づかなかった農産物の特徴を見つけてブランド化コンセプトをともに考えたり、といったことである。

そのために普及指導員を含めた協働者に求められるのは、以下のような姿勢であろう。

まず、農業者の状況を「第三者として」観察して把握し、課題と解決策を見つけること。課題と解決策の発見には、客観的な視点が役立つ。

次に、農業者と話し合って、彼らの考え・行動・判断を、その心情も含めて「あたかも自分のことのように」理解し共感すること。農業者は、これまでの自分のやり方にこだわりや誇りをもっていたり、新しい取組みに対して不安を感じていたりする。農業者の立場に立って、彼らが新しい取組みをためらう理由を明らかにする必要がある。

そしてそのうえで、それを解消する方法を農業者とともに模索する。そのさいには、建設的で批判的な視点をもつことが必要である。

この場合の批判的とは、私たちが農業者と接したときに、最初に気づく「こうすべきではないか」という批判的な見方ではない。それは、自分の考え方が正しく、農業者はそれに従って改善すべきである、という姿勢であり、普及指導員が優位に立って、農業者の考えや方法を否定しているに等しい、いわば敬意なき批判である。

農業者の行動や判断には理由があるのであって、それを理解し尊重する姿勢が根底に必要である。そのうえで、農業者にとって当たり前の事柄についても、「それでも、このようにできるのではないだろうか」と疑問を投げかけ、それに対する農業者からの応答に耳を傾ける。この農業者とのやりとりを通じて、改善の方向性を探り出す。言い換えれば、相手を尊重し、なおも批判的な視点を失わず、ともに考え対話していく姿勢が重要である。

協働の目的　もう一つ考えておかねばならないのは、協働する目的である。共同（作業、出荷、販売）の目的は、比較的明瞭である。作業の効率化、品質の向上・規格の統一・出荷量の確保等による有利販売、それによる所得の向上などである。

しかし、協働は、違う立場の者によって成り立っているため、立場の違いによって目的がずれることが起こりうる。普及指導員による普及指導活動を例にとれば、農業者が自らの所得向上のみを目的とし、普及指導員の目的である地域全体への波及という点を重視していない場合がある。一方、普及指導員が行政施策の推進や、それに伴う数値目標の達成を目的化するあまり、農業者の立場での評価を考慮していない場合もある。

両者が、所得の向上といった当面の目標で一致している場合には、目的のずれは看過されがちであるが、地域振興といった長期的な視点に目を向けたときに、このずれが顕在化し失敗へとつながる。地域全体のことを考えるリーダーを見つけるとともに、普及指導員が行政側の施策を一方的に押し付けることがないよう自戒すべきである。

そのためには、農業者と話し合い、共通の目的を定めておくことが何より大切である。このことは、普及指導活動のみならず、すべての協働に通じる原点ではないか。（林 兵弥）

■協働とは何か

農業・農村の協働者とは どんな人たちで今日的課題とは何か 02

ここでは、農村を主眼に述べたい。農村では農家を中心にしながら多様な人々が多様な関係を結びつつ活動しているが、その人々の現状のリストをつくるのではなく、「直面する今日的課題」から照射される「協働者たち」を素描してみたい。

そのためには、現在の経済社会がどのような局面を迎えようとしているかを認識したうえで、農村社会に人々が求めるものをイメージする必要がある。日本が、かつての人口増に支えられた経済成長から、少子高齢化の低成長局面を迎えていることに、異を唱える者はいまい。「地方創生」が今日、最大の課題の一つと認識されているゆえんである。

しかし、「地方創生」(農村の活性化)の議論をさらに進めるには、「地方」とは農村に限定されることなく、低成長の中でグローバル化に向き合う都市も「地方」であることを認識しつつ、「都市」(産業界)で起こっている新たな動きに注目し、その動きに同調、あるいは強化する拠点として、農村とそこで活動する「協働者たち」を構想することが必要であろう。

例えば、都市生活(それは、農村生活にも波及し定着しているが)の象徴的存在である24時間営業のコンビニや宅配事業が、少子高齢化の労働力不足の中で、外国人依存ではなく、働き方自体も見直すという第三の選択に進もうとしているようだ。コンビニは、一部直営店で「時短営業」の実証試験を開始したし、宅配に至っては、これまで競争関係にあった会社間の宅配ロッカーの共同利用や共同配送など、宅配会社同士の協力・連携の加速化が進みつつあるのだ。

経済成長期には個々に競い合い、成長していくことで、改革が進み、業界の発展が図られてきたが、少子高齢化が進展し地方行政崩壊も見え隠れする中、新たな経営モデルと、それに向けた中長期戦略が必要であり、そのキーワードが「協働」ではないかと考えたい。

「地方創生」の論客である山下祐介氏は、「低出生力・低成長時代」に入り、社会に求められる調整能力は、「成長問題からリスク問題へ。発展から持続性へ」と変化していると指摘している[1)]。そのとき、キーワードとなるのが「管理」であり、その適正化には、集団の巨大化を防ぎ、権限を各単位に下ろすとともに、その裏付けとなるインフラを整備していく必要があると主張する。そして、人間と自然の相互作用の礎である、地域に根ざした小規模農業こそ地域のインフラであると述べる。

I–Box 01でみたように、日本の農村は、伝統的には小規模な直系家族である小農の共同体であった。そこには、因習的な不合理も存在したが、太平洋戦争後、協同農業普及事業による生活改善の取組み等により、農業・農村の意識改革が進んだことは確かだろう。高度経済成長を経て、「都市と農村の格差はなくなった」とされた1980年代には、農村においても伝統的な家族関係も変容し、その後の農村は、農村回帰とも思われる中高年のUターンや都市からの移住も受け止め（課題はあるとはいえ）、高齢者が中心となるが新たな人間関係を形成させ、静かに、現在の「農村」の姿となってきた。それは、「限界集落」に象徴的に表現される、一見スタティックではあるが、同時に持続力を内に秘めた、奥深さのある時空であることも明らかにされてきている。

日本は、これから超高齢社会を迎えようとしている。そのとき、自然との交感とともに生きることのできる「農村」は、高齢者にとって生きやすい時空であることは間違いない。しかしそのことを前提としつつも、子どもを含めた多様な年齢層が活躍する場である必要がある。農村に住もうとする者、農業に従事しようとする者はもちろんのこと、入り込み人口として農村で働こうとする者は、どこかで自然との交感の時空で生きるという価値観を共有しているのだ。

そのような者たちがそれぞれの「農村」に対する愛着を抱きながら、関わり方の深浅も多様に、「協働する超高齢社会」の地域モデルを創り上げていくこと、それが農業・農村が直面する今日的課題と言えるのではないだろうか。（岩元明久）

■協働とは何か

農業者や関係機関がチームを組み協働するのはなぜ重要なのか

03

普及の3条件　技術が普及するためには、技術そのものが既存技術よりも優れた「技術合理性」をもち、採用者の経営戦略や経営目標と整合的な「経営合理性」があることに加え、地域社会や消費者に受け入れられる「社会合理性」を備えている必要がある。普及に供する技術が優れていることは自明のことのように思われるが、試験場での成績がそのまま地域でも得られる保証はない。紙のデータだけでは懐疑的であった農家も、百聞は一見にしかずで、まわりの農家の実践を見れば納得してもらえるだろう。日頃から付き合いのある農家の言葉ほど、説得力のあるものはない。

技術の有用性は認めたとしても、それが当該経営にとって適正技術として取り入れられるかは別問題である。他部門との補完性、競合性や兼業との兼ね合いも考慮する必要があろう。また、農家が単独で採用することは例外的で、部会や何らかのグループとして採用を決めることの方が多いのではないだろうか。場合によっては、複数の市町村にまたがって産地化を図るといったこともあろう。一方で、個々の経営者の思惑は異なり、ときには対立もするが、それらが表に出ることは少ない。

協働者は、個人の考えや意向は十分に尊重したうえで、地域や組織としての経営戦略や目標をまとめ上げていく必要がある。その過程を通じて「経営合理性」が共通理解として浸透していくのである。

反対者との協働　今日、農業普及が対象とすべき技術は、生産技術にとどまらず、環境技術、生活技術まで含まれる。その受益者も、生産者、6次産業の担い手、非農家を含めた地域住民、さらには農村交流に参加する都市住民にまで拡大した。協同農業普及事業も、農村生活に関連する活動として、家族経営協定の締結促進、農産物加工等農家の起業支援、グリーンツーリズム等都市・農村交流の推進、中山間地域等の農村振興、男女共同参画の推進、東日本大震災からの復旧・復興支援などが行われている[2)]。

技術開発・普及に関わる利害関係者は下の表のように整理することができる。ここで注意すべきは、数としても社会的発言力でも影響力を増してきている潜在的な被害者や反対者の存在である。

例えば、減農薬農法を導入して地域ブランド化を図ろうとしたさい、責任感の強いリーダー格の農家が反対したとしよう。いきなり説得を試みるのではなく、用がなくても足しげく通い本音で語り合える間柄になれば、ブランド化の意義は認める（基本目標は共通）が減農薬農法で用いる防除法に不安がありリーダーとして他の農家に推薦できず、反対していたことが分かる。そこで専門知識をもつJA営農指導員などの協力を得て、農家に寄り添うかたちで使用可能な薬剤の選定など具体的な技術の提案につなげることができる[3)]。

自分とは異なる価値観やアイデアを反対者から学ぶ姿勢も大切である。反対者を敵ではなく協働者として接することで、どちらにとってもプラスになる可能性が潜んでいる（Ⅲ-Box 03）。

目を外に転ずれば、農業の環境負荷に対する社会的懸念が高まる一方で、農業の多面的機能、公益機能への理解も深まりつつある。強力な反対者ほど、強い関心と自分なりの信念をもち影響力も大きい。それだけに、いったん賛同を勝ち取れば強力な支援者となり「社会合理性」が担保されるのである。（横山繁樹）

技術開発・普及に関わる利害関係者の一例

開発者	研究機関、企業、農家
採用者	農家、企業
費用負担者	農家、企業、行政
受益者	農家、企業 、地域住民、消費者
（潜在的）被害者	他産地の農家、競合する企業、地域住民
（潜在的）反対者	環境NPO、動物福祉NPO、都市住民
（潜在的）協力者	環境NPO、動物福祉NPO、都市住民

Box 01

利害関係者の中の協働者の位置

共同体から協働態へ　本書のキーワードは「共同」ではなく「協働」である。本書は、様々な規制に縛られ構成員が固定的な「共同体」の再構築を目指すものではない。参加出入り自由で価値観や目的が違う者同士でも「物語」[4]が共有できれば、その実現へ向けて力を合わせることは可能である。そのような人と人との関わり方、協働のあり方（協働態）の手がかりを提供することが本書の目的である。

当事者、半当事者、第三者　多様な協働者は関わりの程度も役割も異なる。その一方で、農業・農村問題は、地域を抜きに考えることはできない。農業者と地域住民が課題を抱え、それを解決する「当事者」である。彼らと同じ目線をもち、つかず離れずの関係で協働するのが「半当事者」[5]で、普及関係者、行政職員、地域おこし協力隊員[6]などに代表される。「第三者」は、課題解決のための知恵、技術、資金などをもっている、大学、研究機関、企業、行政などである。

触媒としての半当事者　当事者同士でも利害が一致するとは限らない。利害は一致しても、課題の優先度やそれをどう解決するかで対立も生じる。そこで重要な役割を果たすのが「半当事者」である。同じ目線で課題を見つけ、対立者に共通利害を気づかせ、彼ら同士や「第三者」をつないで協働を促し、その場をお膳立てする。しかし、最終決定はあくまでも当事者が下す。半当事者の一番大切な役割は、当事者が見落としていた地域資源（歴史、自然、人材など）に気づきを与え、第三者を交えて一緒に取り組み、そのプロセス＝物語を共有することである。

一つの課題が解決しても、新しい課題は次々に生まれる。そのたびに、別の登場人物が別の物語を紡いでいかなければならない。半当事者は（定住して当事者になることもあるが）、やがては去りゆく存在である。物語を残していっても、それは一過性の思い出にすぎない。しかし物語を共に紡いだ経験は次の物語の創造へとつながる。（横山繁樹）

Box 02

協働者の課題意識が異なるときの調整

普及指導機関、試験研究機関や市町村、農業協同組合、さらには農業共済組合など農業に関する団体、園芸高校など教育機関なども含めて、地域の農業振興に携わる関係機関は多い。そしてこれら関係機関が一致協力のもと、それぞれの機能を発揮して地域の農業振興にあたることで、それぞれが単独では到底なしえない地域農業の動き、農業者の意欲喚起や、行動変化などを強力に生み出すことができる。特に普及指導機関には協働者の一員として、地域の課題に応じて、これらの関係機関をつなぎ合わせ、役割分担を行うことが求められる。

それぞれの機関に温度差、認識差などがある場合、共通認識に至るよう調整することが必要となる。それには、日頃から関係機関同士が連携・協議できる機会を準備しておくことが有効で、特に主要関係機関、市町村農政主管課、農協、農業委員会、共済組合などとは定例的な会議の開催が重要である。そして、コーディネートする普及指導機関としては、地域の関係機関同士であるという緊密性とフットワークを生かして、地域で先進的な取組みをしている農家の圃場を会場に現地で連携・協議を行うなど、できるだけ現地で実物を見るよう工夫をすることで、共通意識の醸成に務める必要がある。また、課題意識の統一を進めるには、想定される地域へのメリット、デメリットなどについてはできるだけ具体的数値を資料化して検討するように、事前の実態調査や予測シミュレーションの作成が有効である。

新しい生産技術の導入やその改善・評価などに関する認識の共通を図る場などでは、より専門的な見地からの検討を行うため、試験研究機関の参加も必要である。事前に必要な関係機関を巡回し、参加機関としての意見調整を行うようにすると結論が出やすい。普及指導機関の組織内部においての調整も必要で、案外関係機関との調整よりも手間暇がかかる場合が多い。（渡部和彦）

Box 03

農政の方針に不賛成なとき、先輩たちは

1970年(昭和45) 11月に政府米の買入制限措置が決定され、「長野県新農業推進協議会」は米の転作を積極的に推進して、新しい長野県農業の確立を図ることを目的とした政策を進めることとした。

普及事業においても、普及指導活動の重点課題として組織をあげてこの推進に取り組んできた。しかし、現場での対応は一筋縄で収まるはずもなく、各地区の懇談会でも農家から様々な意見が続出した。

当時勤務していた普及所管内の諏訪・八ヶ岳山麓地域は、標高800メートルから1,200メートルに水田が広がる農業地帯である。特に技術に対する向上心が高く、その成果として高冷地帯にあって1961年、62年と2年連続で米作日本一を受賞するという快挙を成し遂げた地域でもある。そんな地域で“米をつくるな”ということは農業をやめろというに等しいと、受けとめられていた。しかし、農業改良普及員(普及指導員)も公務員であるがゆえに国の政策を進める立場でもあり、農家と行政の間で板挟みの状態となっていた。

そんな中、行政や農業団体、農業技術者が一体となり、もう一度地域の農業を見渡してみた。すると、1戸当たりの耕地面積が小さい地域であることから水田を活用したセルリーや、リンドウの産地化を目指した取組みが始まっていたのである。この2つの作物とも栽培するうえで水を多く必要とし、水田での栽培に適していることから、この転作政策の推奨品目に位置付け、産地化と生産拡大に取り組むこととした。その結果、両作物とも県内の主力産地として位置付けられるまでに発展していった。

現在でも、現地の状況や要望に合致しない政策が見受けられるケースもある。こうしたときには、政策を批判するばかりでなく、農家と一緒に現状を見直す機会としてとらえ、農家の現状と望みに配慮しながら緩やかに将来に向けた変革を勧めるようなアドバイスをして関係者と協働していく姿勢が必要なのである。(寺島秀勝)

Box 04

農業改良普及員が深く関わった減農薬運動

福岡県の農業改良普及員であった宇根豊と、同じく福岡県筑紫野市の「百姓」である八尋幸隆らが中心となって展開された「百姓」を中心とする社会運動。両氏が1978年に減農薬での稲づくりをスタートさせたのが始まり。同時代的な社会運動として有機農業運動があるが、当該運動は、『沈黙の春』(1964年に日本に紹介)の出版などを契機として高まった環境汚染や食の安全性に対する関心から、「百姓」よりもむしろ都市の消費者主導で展開された。

思想的なバックボーンを担った宇根は、1950年(昭和25)生まれ。1973年に福岡県に入庁して農業改良普及員となり、「百姓」が農薬中毒で死亡しているという現実を知ることになる。特に1978年7月8日に長崎県吾妻町(現雲仙市)において、百姓が農薬中毒で死亡するという事件が起きたことを契機とし、「百姓」の立場に立った農薬使用の視点欠如を痛感する。また、宇根は『害虫とたたかう』[7]という本から「総合防除」と「減農薬」という言葉と出会い衝撃を受ける。同じ時期に八尋氏からかけられた「普及員は農薬ばふらせ過ぎ」という言葉に強く心を揺さぶられる。このことを契機として八尋と共に減農薬の米作りを始めたのが契機となる。

減農薬運動が「百姓」中心の運動として展開していった背景には、宇根の幼少期の経験が影響している。宇根の父は地域でもいち早く近代技術を取り入れた経営を始めた養鶏家であった。宇根は、近代技術が伝統的な技術や技能を破壊するとともに、「百姓」の農業に対する主体性や矜持を奪っていく様を間近かに見てきた。このことから宇根は、単に農薬を使わずに稲を栽培することに重きを置くのではなく、何より「百姓」が農業の主体となる道を模索したのである。

その後、減農薬は社会にも「百姓」にも受け入れられて常識化していく。一方で、「百姓」が農業の主体性を取り戻すという、減農薬運動の背景にあった誇り高い思想は2020年現在も未完のプロジェクトであり続けている。(野口憲一)

■技術とどう向き合うか

農業技術の特徴とは何か

04

農業技術の特徴は、工業技術との対比の中で考察するのが、早道であると考えるが、その前に、農業を自然科学的に定義しておきたい。

「農業とは、植物の光合成能力を人為的に管理し、太陽エネルギーを人間が生きていくのに有効なエネルギー形態に定常的に変換する過程（およびそれに付随する過程）である」。つまり、地球上の自然現象を、農地とその場で展開される生物活動を介して、日々の繰り返しとして利用し続ける営為である。簡単に言えば、風土に同化しながら地域ごとの農法として実現される有機的生産である。

農業と工業の技術の定着の違い　さて、工業分野で１つの画期的な技術革新があったとしよう。たとえば、20世紀末にビデオ戦争とまで言われた家庭用ビデオレコーダーの規格争いを思い出してほしい。さまざまな規格が乱立し、それがVHS対ベータマックスの争いに収斂し、最終的にはVHS規格が生き残った。この事例は、工業の技術革新過程の典型であろう。つまり、多様なドングリの背比べの中から、いろいろな理由や過程を経て、１つの技術が生き残り定着するのである。

では、農業分野のイノベーションはどうであろうか。１つの画期的な農業技術が開発され、定着する過程は、自然が相手の業であるため、工業とは逆の過程を進むことで定着する。つまり、開発された技術が地域ごと圃場ごとに適合するように、チューニングすることにより、定着普及していく。農業分野では1つの画期的技術革新は、地域ごと圃場ごとに多様化することによりはじめて定着するのである。本書で論じられている「協働者」を技術との関係からみた場合、このチューニングという農業技術に固有の領域を担うのが「農業の協働者たち」であると言うことができる。

農業技術の「農学的適応」と「工学的適応」　農学者は、アジアモンスーン気候のもとで発展してきた日本やアジアの農業技術の特徴は何かという問いを続けてきた。

石井米雄は、タイのデルタ氾濫原に順応しながら浮稲の品種を選抜し育ててきた農民の対応の仕方を「農学的適応」と呼び、デルタの灌漑開発と水路網の整備により生産力の向上を目指した公権力の「工学的適応」に対置させた[8)]。

石井の説をうけ、それを農業技術論として敷衍したのが金澤夏樹である[9)]。

金澤によれば、技術論では従来、労働手段の改良と体系化が主に取り上げられ、機械に代表される無機的な道具装置としての労働手段の革新進歩に社会的進歩を見てきた。しかし、有機的生産としての農業が成り立つためには、まず品種や肥料が改良され、それらが自然環境の中で有機的な能力を発揮できるようにシステム化される。このような労働対象にかかわる技術革新を正統に位置づける必要があると金澤は主張し、前者を「工学的適応」、そして後者を「農学的適応」と規定した。

金澤が指摘するとおり、技術の革新には、大別して労働対象の革新と労働手段の革新がある。工業技術でもスマホなどのような新規需要製品の開発などは労働対象の革新であり、近年その重要性は増していると言えようが、歴史的には工業分野では生産性の向上をめざした機械化などの労働手段に関する革新が重要であった。一方、特にアジアに位置するわが国の農業では、労働生産性の向上よりも土地生産性の向上に、技術革新の関心が集中してきた。そのため、これまでは労働対象の革新を担う者たちが「農業技術者」と呼ばれ、この技術者たちがもっぱら「農業の協働者たち」とされてきたのである。

農業理解の深化・更新　しかしもちろん、技術者だけが協働者というわけではない。そして、技術の幅も時代とともに広がっている。農業と農村の協働者をめざす者であれば誰でも、日々の実践を積み重ねるなかで、農業という有機的生産の意味と意義の理解が深化・更新する経験を得るに違いない。（岩元明久）

■技術とどう向き合うか

農家はなぜ新しい技術を求めるのか、技術変革の方向は

05

すべての農家が新しい技術を求めているわけではない。むしろ、新しい技術を拒む農家も少なからず存在する。そこで、新しい技術を求めている農家とそうではない農家を分けて、それぞれについて述べることとする。

新技術を求める動機　技術導入の動機は様々であるが、もっとも大きい理由としては経営を発展させ、経営規模を拡大していくこと、あるいは効率性の高い（または、付加価値が高い）農産物生産に切り替えていきたいというものであり、特に経営発展を目指す農家や企業的な農業経営の場合に多くあてはまる。

一般的に経営規模を拡大させると、人間による労働力の増強だけでは効率化が難しい作業工程があるため、農業機械等の導入による生産効率の向上が必須になる。圃場作業の効率性向上には、大型トラクター（さらに効率性を高めた新技術としてGPSトラクターや無人トラクターなどもある）や養液栽培システムの導入などがある。また、園芸作物では、収穫や出荷調製作業に多大な労力を要するものがあり、この場合には収穫や出荷調製作業を効率化するための収穫機、調製機および選果機の導入などが必要である。出荷調製の事例では形状・色状・糖度などさまざまな選果基準に対応した新しい選果機が開発され、生産現場に導入されている。

収穫作業では、新技術としてロボット技術を活用したロボット収穫機やアシストスーツがあるが、まだほとんどが開発途上である。アシストスーツは生産現場での試験導入もされているが、省力化を望む農家に好評な作業分野もあり、将来的には徐々に導入が進んでいくと考えられる。

もう一つ、新技術を望む大きい理由として、旧来の技術だけではいずれ農業経営が立ちいかなくなる場合である。その例として深刻な土壌病害虫の発生対策や農業経営の障害となる環境の変化への対応などがあげられ

る。前者の例としては、トマトの青枯病などの回避のための養液栽培の導入や臭化メチル剤の全面使用禁止による代替技術（ヨウ化メチルなど）の導入などがあげられる。ただし、新技術の導入によってすべてが解決するわけではなく、導入によるコストの増加や、技術的な欠点がある場合もある。そこで、協働者はこうした新技術の欠点についても農家に伝えるとともに、経営的な側面からもサポートすることが必要である。

後者の農業環境の変化としては、生産現場の混住化などがあげられる。例えば畜産では都市化が進行した地域において臭気の問題は切実なものがある。臭気の問題と併せて、家畜ふんの処理施設にかかる費用負担が大きく廃業に追い込まれる例も少なくない。臭気対策の新技術には、ウインドレス畜舎などの新技術があるが、導入には多大なコストがかかるため、国の補助事業などで導入されることが多い。また、社会環境の変化としては、国際化の進行で、かつては有利だった作目が外国からの輸入攻勢によって経営が困難になる事例がある。この場合の新技術による対応は難しいことが多く、新技術の導入よりは他作目への転換によって対処することもある。

新しい技術導入を望まない場合　農業は、他産業と同じように、生産物の販売によって収益を得るのであるが、一方で農業生産物は人間にとって生命を維持するための基本的な生産物である。また、環境保全やライフスタイルといった観点から、農業生産の方法に強いこだわりをもつ農家も少なからずいる。有機農業の一部や宗教的な考えに基づく農家があてはまり、彼らは新技術を取り入れて生産規模の拡大や生産性の効率化を図るよりも別の価値を農業に求めている。ただし、こうした考えに基づく農業生産は一般的に生産コストが高く、生産性も低い。近年では、有機農業でも生産性向上や高付加価値化で収益を上げている事例もあり、これら分野でも新技術導入は伴わないかもしれないが、新しい考えに基づくイノベーションは必要である。（藤代岳雄）

Box 05

昨今の「新技術」の特徴

農業の新技術は、その時代背景をもとに関連する産業の新技術の発明や開発に伴って発達することが多い。食糧の増産が重要だった時代には農業機械、化学農薬および化学肥料等が開発され、それらが農業現場に普及して農業の生産力を増大させた。

これらの新技術は国の食糧需給に大きく貢献し、農家を経済的に豊かにしたが、一方で連作障害とよばれる土壌病害虫等の蔓延や化学農薬に強い抵抗性をもつ病害虫の発生による被害の再発（「リサージェンス」とよばれる）などを招いた。こうした反省によって、昨今ではIPM技術（総合的有害生物管理技術、略して「総合防除」とよばれることが多い）や天敵昆虫の利用などの環境にやさしい新技術の開発も行われるようになっている。

また、ICT技術（情報通信技術）なども大きく取り上げられている新技術である。これらに期待されるものは、日本農業の深刻な担い手不足を解消するための省力化・精密化ならびに高品質生産の実現などである。ICT技術はインターネットの開発、環境測定のセンサーの低価格化等を背景に、温室の統合環境制御、GPS無人トラクター、水田の自動水位調節装置等が開発されている。また、AI（人工知能）の活用により、篤農家が暗黙知や経験則で行ってきた経験や技能を代替する技術もある。そのほか、ドローンやロボット技術などを総称したものをスマート農業とよんでいる。

スマート農業により、農業への参入を容易にし、初心者でも簡単に農業を始められる可能性が出てきた。しかし一方で人間が農業と向き合って体得してきた経験や技能を衰退させてしまう可能性も同時にもち合わせている。

農業の多面的な機能、地球環境、地域社会のコミュニティ、そして何より個々の人間の幸福ともバランスがとれた持続可能な新技術が導入されるよう、農業者だけでなく協働者も深く考え、新技術によってもたらされると予測できる現場レベルの影響について開発者に伝え、開発が完了され、技術が導入される前に修正を求める必要もあるだろう。（藤代岳雄）

Box 06

労働環境の整備におけるGAP手法の活用

日々仕事をする中で、無駄が多いことや、簡単なことを面倒にしてしまい、重要な事柄に集中できていなかったことが原因で労力の割に成果があがらない場合がある。このようなことは農場においても散見される。「工具等を数時間かけて一生懸命探して見つけても実は何も生み出していない。さらに工具等を見つけた達成感があるので無駄な時間であったことを自覚しにくい」などはよく聞く話である。明確なルール化により、無駄な時間は容易に削減でき、従業員には施肥、農薬散布、収穫など重要な事柄に集中してもらうことができる。

これまで家族労働が多かったことなどもあり、ルールづくりに不慣れな農場が多い中において、GAPの手法は大いに参考になる。GAPとはGood Agricultural Practice（良い農業のやり方）のことで、東京オリンピック・パラリンピックの食材調達基盤として取り上げられ、取り組む農家が増えている。「食品安全」、「環境保全」、「労働安全」、「人権保護」、「農場運営」を網羅するGAPの活用は、労働環境の整備に結びつくものである。GAPの基準書に沿って農場を見直していく方法もあれば、ある項目に着目して進める方法など、その取組みは様々である。例えば、従業員が怪我をするようなことがあれば、農作業が計画どおり進まないだけでなく、経営者も通常業務には集中できない状況に陥ることとなることから、「労働安全」に着目し取組みを始めるのもよい。

ルールづくりにおいては、他の農場のルールを参考にするのではなく、自らの農場を見つめ直すことが重要である。例えば、農場の危険な場所や作業の洗い出しを他の農場に聞いても無駄であり、従業員や関係者との意見交換等が最も有効である。自らの農場に最適なルールづくりと実践は、経営者と従業員の双方のメリットと今後の経営発展につながるものである。（小池 甲）

■技術とどう向き合うか

化学依存型農業と有機・環境保全型農業は両立できるか 06

農法をめぐる時代の趨勢　近代農業の発展にとって化学農薬や化成肥料は、生産性の向上に多大な貢献をしてきた。その一方で、環境負荷の問題や農業の持続性の視点から、有機農業や環境保全型農業が社会的に求められる時代に移行している。市場においても、長寿社会における健康志向や環境問題・社会問題に意識の高い消費者の出現によって、有機や減農薬といった農産物への関心も高まり、農業者もそのような志向をもつ消費者に向けた有機栽培や特別栽培を行い、行政が推進するそれらの認証制度に積極的に取り組んできた。なかには、理念もしくは思想として有機農業や環境保全型農業に取り組む農業者もいて、規模拡大を追求せずにこだわりの生産方式を選び、消費者と直接結びつき、自らの目の届く範囲で販売につなげるという、ある意味彼らは、多数の小規模農業者に基づく日本農業の構造に適合した合理的な経営戦略を選択しているともいえる。

一方の化学農薬や化成肥料は、短期的な生産性向上の効果や経済的な効率性を追求する中で積極的に農業現場に導入されてきた。しかし、昨今の情勢を鑑みると有機農業や環境保全型農業に駆逐されて不要になるのか、極論を言えば「悪」のレッテルを貼られてしまうのかと考えたときに、近年の気候変動によりこれまでに経験のない病害虫に対して短期間で対応しなければならない状況があり、また世界的には人口増加で食糧を増産しなければならない中で、今後も科学的なアプローチで生産性を向上させる技術が重要であることは間違いない。

技術の対立と両立　一見すると対立関係にあるようにみえる両技術をどう両立させていくか。どの技術を選択するかは農業者自身の経営戦略であり、その判断をするとき、重要なのは、社会も気候もめまぐるしく変化する中でも、日本の風土に適した農業を持続的に行っていくことであり、それには、変化に柔軟に対応できる発想・視点が農業者に求められる。自らの足かせになるような技術的な縛りをすることなく、また持続性に疑念のある効率性だけの技術に依存することなく、上述の一見相対立する様々な基準のバランスを図りながら、柔軟な経営判断をすれば、自ずと両技術を両立させる方向に進んでいくと考える。

加えて重要になるのは、市場や消費者とのコミュニケーションである。ネット社会の今日、ある意味では偏ったあるべき論に話題が集中して炎上することもあり、こと化学農薬や化成肥料さらにはゲノム編集といった新しい育種技術などは実態を理解されずにネガティブにとらえられがちで、大企業の陰謀論的にとらえられたりすることも少なくない。農業現場で起こっている問題に縁遠い人たちが形成するそのような意見が、まるで正義のように語られることは農業関係者側からすると大変危険である。

これに対抗するためには、まずは農業関係者側、なかでも農業者自身が科学的な理解に基づいた理論を形成し発言をする、行動をするということが重要である。消費者に受け入れられやすく、耳触りのよい疑似科学的な話題は、短期的にはもてはやされる可能性もあるが、いずれは破綻する。分かりやすい話にすり替えずに、エビデンス（観察やデータに基づく証拠）に基づいた理論の形成が農業者には求められる。そして、そのエビデンスに基づいた理論を一貫してブレることなく発信していく、その理論をベースに消費者とコミュニケーションを図り続けていくことで、社会全体にも事実に基づいた正しい理解が進むと考える。

農業の持続性を支える農法の多様性　農業者、農業関係者それぞれが活動していくうえでの理念は、その基礎となる根拠は科学的なエビデンスに基づくべきだが、理念そのものはそれぞれ異なって当然であり、これからの社会一般でもそういった多様性が求められている。農業の現場はまさに人間も作物も栽培方法も気候も環境も生物も多様性に富んでいて、これこそが農業の一番の強みである。「化学依存型農業」と「有機農業や環境保全型農業」は、白と黒の二元論ではなく、実際はグラデーションだったりする。それら多様性を農業者・農業関係者が上手に受け入れ、さらには消費者も受け入れていくことが、持続的な農業には重要と考える。（横田修一）

■技術とどう向き合うか

農業試験研究の課題に農業者の要望はどう反映されてきたのか　07

農業技術の試験研究はこれまで主に公的機関に担われてきた。公的農業試験研究機関は主に国（国立研究開発法人）と地方自治体（都道府県）の運営に分かれているが、ここでは地方自治体が運営している試験研究機関について取り上げる。

試験研究の業務　試験研究業務は大きく次にあげられる項目*がある。

1. 品種育成、品種・系統の適応性の検討
2. 効率的な生産技術や知識の開発
3. 農作物の品質保持、品質評価および加工技術の開発
4. 病害虫の防除技術や同定診断技術の開発
5. 土壌肥料の技術開発
6. 農業経営、流通の分析や研究
7. その他

地方自治体の農業試験研究は、基礎研究よりは技術化を目的とした応用研究で、基礎研究は大学や国立研究開発法人で行われることが多い。さらに応用研究を大別すると、①農業の生産現場で問題になっている課題を解決するための「課題（問題）解決型研究」と②新しいニーズやシーズ開発に向けた「技術開発型研究」に分けられる。

課題解決型研究　「課題（問題）解決型研究」においては、生産現場における問題の解決が研究目的であるため、農業者から普及指導員、営農指導

＊これらの１～７の業務が行われていない場合もある。また、農業以外の環境部門や産業部門と連携して農業に関連する試験研究が行われる場合もある。

員など農業の協働者への情報提供、あるいは協働者から農業者への聞き取りなどにより、農業者および協働者間の連携で解決を図り、それでも解決困難な問題が試験研究課題として設定されることが多い。都道府県によっては、普及指導員等を通さずに、農業者、農業者団体（農協等）、市町村、NPO団体などから直接試験研究に要望を上げ、「要試験研究課題」の調整を行う場合もある。この場合も、既知の試験研究事例がないかどうか、生産現場での調査研究により解決が可能かどうかなどを精査したうえで、試験研究機関が行う研究課題として設定される。

技術開発型研究　「技術開発型研究」においては、「課題（問題）解決型研究」と異なり、今までにない新規性が求められる。そのため、開発のもとになる重要な主要技術（key technology）は基礎研究の成果や研究員や研究補助者の発想などにより独自に組み立てられることが多い。しかし、新たに開発された技術（新品種なども含む）は生産現場で採用され、普及することが最終目的であるため、この場合も研究開発の初期段階においては、研究員が農業者や普及指導員等の協働者から情報収集を行い、生産現場の状況を把握するとともに、農家の視点で新技術のヒントを得るように努めている。なお、新たに発想された技術は小規模で予備試験を行い、研究開発の見通しを試した後、試験研究の見込みが立った時点で、研究機関内での審議を経て、正式な研究課題として認められることが多い。

技術研究と現場との関係　いずれにしても、試験研究成果は最終的には農業者や農村において採用され、普及することが重要であるが、研究成果は一朝一夕で結果が出ないことが多い。そのため、試験研究を行う機関や協働者は、対象となる農業者や農村における新技術等の必要性等についてマーケットインの発想で研究開発し、試験研究の方向性を見失わないように進める必要がある。近年、国の試験研究では、おおまかな成果が出た時点で実証試験を行い、研究成果の迅速な普及や生産現場での適応性の向上が図られている。（藤代岳雄）

■技術とどう向き合うか

農業者と「専門家」の協働で何が生まれるか

08

「農業の専門家とは、なぜ私たち農家ではないのか」という疑念は、もっともだ。農村に農家以外の「専門家」がいる理由は、「農家が直面する課題を見つけて、その解決に向けた助言と支援をするため」だといわれている。しかし、深く掘り下げると、「専門家」とは農業を近代化するために、設置・配置されたことは間違いがない（農政も農学も同様である）。

ところが村に入った「専門家」（協働者とよぶ）は、近代化は容易ではないと気づいてしまう。村の中と農家の心の中には、前近代の知恵が満ちているからだ。この緊張感が大切だ。

農業の本格的な近代化が始まったのは、戦後である。ここで、近代化と伝統的な価値観が激しくぶつかり、近代化の受容の基本的な枠組みがはっきりした。ここではあえて、これを技術の面にしぼって図式化して話をすすめる。

A：伝統的な知恵を生かしながら、近代的な科学知を導入していく方法である。これは簡単ではないが、試行錯誤を繰り返しながら、農家が近代化技術を自分のものにし、さらに深めていくことになった。協働者は、主に科学の知に依拠しながらも、農家の経験の知との接合を、農家と協働して、田畑という現場で行った。

B：農家の経験の知と接合できない分野では、近代的な新技術はなかなか受け入れられなかった。しかし、やがて科学知を押しつけるかたちで普及されていった。農薬による防除技術がその典型である。これは大きな災禍を招くこととなった。「農薬公害」で自然環境が傷つけられ、食べものや牛乳、母乳まで汚染された。

それ以降の「専門家」は、Bの反省に立って、Aにシフトしたかといえば、そうではない。科学知での環境への配慮を伴いながらいよいよBに傾いている。そこで、経験の知（伝統知）と近代的な科学知の関係を考えて活動することの重要性を考えてみる。

あなたに問題を出してみよう。「蛙を育てる技術は稲作技術に含まれていないのに、蛙のほとんどが田んぼで生まれるのはどうしてか」。常識的な解答は、「蛙の成長は、稲作技術とは関係なく、たまたま田んぼという生態系に適応している自然現象、つまり多面的機能であるから」というものだろう。しかし、その「田んぼという生態系」は稲作技術がつくりあげたものではないだろうか。たとえば、「田植え後20日からの間断灌水」という稲作技術が行使されると、田んぼは干上がりお玉杓子は死に、蛙は生きられない。

つまり稲作技術は蛙に影響を与えているのだが、稲との関係だけが意識されて、蛙との関係は意識されていない、ということになる。武谷三男の有名な技術定義である「技術とは生産過程における、科学的な法則性の意識的適応である」は、工業では成り立つだろうが、農業では成り立たない。

つまりほとんどの近代化技術は目的とする生産物にだけ目を向けて、それ以外のものを切り捨てている。それを補い使いこなして、田畑や村の中にうまく取り入れて、異変や違和感が生じないようにしてきたのが経験の知であった。これを「仕事の中に技術が取り入れられた」と表現してもいい。

農家は田んぼで仕事をしながら、稲だけを見ているのではない。お玉杓子も見ているのである。見ているという意識はないが無意識にも見ているのである。近代化技術の最先端であるスマート農業であっても、AIにこうした農家の無意識まで降りた経験の知を組み込むことは、不可能である。そうであるなら、Aの手法はあらためて見直されなければならない。

これからの「専門家」は、自分の分野だけの専門家であってはいけない。その技術が受容され、変容され、あるいは拒否される現場では、科学知よりも経験の知が働いていることに気づき、その経験の知との接合を農家に学び、農家と共に考え、農家に助言するようになりたい。その時に農家と専門家がともに納得でき、共有できた「知」こそ、協働で生み出された「新しい知」となる。そうなのだ。協働とは新しい知を生み出す活動なのである。（宇根 豊）

Box 07

百姓仕事と農業技術の交錯と変容

百姓仕事と農業技術の関係を考えたことがあるだろうか。現代では百姓仕事の核は農業技術だと考えられていて、技術さえ知っておけばいい、技術を改良すれば仕事はしやすくなる、という考え方が主流であろう。それではまずいことが生じる。新しい技術が開発されたときに、なかなか農家は受け入れない場合が多いのはなぜか。それは仕事との関係がうまくいかないからではないかと考えてほしい。

例えば、畦に黒いマルチを張る技術が提案されたとしよう。畦草刈りという仕事はしなくてよくなるのだから、労力が省けて楽になる、コストが下がる、と評価されているが、なかなか普及しない。なぜなら農家はこれまでの仕事を思い起こして「彼岸花はどうなるのだろうか。妻が好きな金鳳花は消えてしまうだろうな」と思いを巡らすから、簡単に「楽になりますから」という一面的な評価には、納得できない。技術と違って、仕事は総合的なものである。技術は目的としているものにしかまなざしを向けないが、百姓仕事は農家をとりまいている天地自然の中に身を置いて、五体と五感で感じるものである。農家に寄り添う専門家は、常に技術と仕事の関係を考えておかないといけない。

そこで技術と仕事の違いを表にしてみた。参考にしてほしい。(宇根 豊)

技術と仕事の違い

技術にあって仕事にないもの		仕事にあって技術にないもの
「つくる」という意識	——	「できる」、「とれる」という感覚・天地観
因果関係(法則性)が比較的明確	——	生起する現象として把握する
普遍性・合理性・客観性がある	——	個別的・ありのまま・主観的だ
効率重視。費用対効果が重要	——	時を忘れ、経済など眼中にない
目的とするものしか生産しない	——	無駄なものまでできてしまう
誰にでも使える	——	その人だけのもの
マニュアル化できる。設計できる	——	全容は表現できない
自然や生きものを対象化する	——	自然の中に入り込む。生きものも仲間だ
科学で細切れにして表現できる	——	経験の知に根ざしているので、総合的だ
意識で管理できるものがすべて	——	無意識に身体が動き感じていることも多い

Box 08

農家が技術を公開・交換するとき、渋るとき

現代では、技術や種苗に特許を認めるのは当然だ。しかし、それは資本主義経済が発達してきたから現れた不幸な事態かもしれない。技術や種苗は経営を支える方法となり、経営は経済競争に巻き込まれる。その競争はともに高めあう競争ではなく、相手に勝って、相手を潰す競争になってしまう。そうなると技術の公開は、自分の首を絞めることになる。

今日それぞれの国の特産品とされているジャガイモもトマトもパプリカも唐辛子もコロンブスが新世界から「無断で」持ち帰ったものである。もし当時の国家に種を守る権利があったなら、今日の世界の料理はこれほどの多様な豊かさをもつことはなかっただろう。現代の日本でも、栽培されている野菜や果樹のほとんどは、外国原産のものである。

さらに国内においても事情は似ている。農家は旅行すると、必ず旅先で見た新しい種や品種を持ち帰ったものだ。それも旅の楽しみだったのである。旅先で出会った農家も快く、種を分けてくれ、技術を教えてくれた。産地間競争がなかった時代のことである。

もともと伝統的に、農家は仕事の知恵を公開してきた。なぜなら衆人環視のもとで仕事をしてきたから、隠しようがなかったからだ。そもそもお天道様の下でやる仕事を隠してはならなかった。いい仕事は、天地のめぐみを豊かにすることだから、天地から褒められこそすれ、非難されるはずがなかった。この公開性は公益性と言い換えてもいいだろう。

かつて1949年（昭和24）から69年（昭和44）まで「米作日本一表彰事業」が全国規模で行われていた。前の年に「米作日本一」になった農家の田んぼの畦には草が生えない、と言われたものだ。視察者が殺到して、畦を踏むので草が枯れるのだった。このように田んぼとその稲作技術は全国的に公開されていたのである。（宇根 豊）

■協働者の役割

農業・農村の協働者としての普及指導員の役割や強みは何か

09

普及指導員とは　農業経営が持続的に発展していくためには、農業者自身が知識や技術を修得し、あるいは工夫を積み重ねて自らの経営を改善・革新することが必要となる。しかし、農業者個々の努力だけでは解決できないことも多く、わが国では人的活動、法的活動、財政的活動を手段とした支援が行われている。そのうち人的活動を公的化・制度化したものが協同農業普及事業であり[10]、その担い手が普及指導員である。普及指導員とは、国が実施する普及指導員資格試験に合格した都道府県職員であり、農業者に直接接して農業技術の指導を行ったり、経営の相談に応じたり、農業に関する情報を提供したりすることを専門職務とする。

また、農業者への技術指導や情報提供にとどまらず、補助融資事業の立案や実施に対する生産技術や経営管理的な視点からの協力や市町村における農業振興計画策定への支援といった、自治体農政への協力も大きなウェイトを占めており、農業者や内外の関係機関等と連携し、啓蒙、教育、普及、説得、組織化、計画等の要素をもった組織的活動を通じて、地域の課題の解決を支援する等、農業経営や地域営農の革新を総合的に支援する役割も担っている[11]。そのため、普及指導員は農業・農村における最も身近な協働者の一人であるといえる。

半当事者としての協働　農業・農村において協働を進めるということは、決してワークショップの実施だけを意味するのではない。協働を進めるために求められるのは、単純な“コーディネート”よりさらに能動的であり、“プロデュース”や“マネジメント”にちかい活動であるといえる。そして、その活動においては理論や技術だけでなく、農業・農村における歴史的な背景や協働者の組織文化の違いを認め、異なる視点からの議論を通じて課題をとらえ直し、再定義する役割が必要になる。それを担うのが、「当事者（農業者と地域住民）」と同じ目線を持ち、つかず離れずの関係で協働する「半当事者」であろう（II-Box 01）。半当事者には、普及指導員の他に、地方自治体（都道府県、市町村）の農業行政職員、農業協同組合の営農指導員等があげられる。

営農指導員、農業行政職員、普及指導員の違い　営農指導員は、その職務である営農指導が農業協同組合法における農協の行う事業の筆頭に明記されているとおり、「組合員のためにする農業の経営及び技術の向上に関する指導」を行う内部的指導者として、組合員の意志に基づいて行動する[12)]。農業者の経済や生活に奉仕することを目的に、民主的・教育的な指導を行うが、JA事業（購買事業や販売事業等）の利用を前提とした側面がある。

農業行政職員は、農業者の所得増大・農業生産の拡大を目的に活動するが、そこでは農業者個々を注視するよりも、集落全体や市町村を単位とした農業の方向づけ、地域営農のあり方という視点から各種補助事業等を手段として活動することが多い。

一方、普及指導員は、農業者が農業経営および農村生活に関する有益かつ実用的な知識を取得交換し、それを有効に応用することができるように、国と都道府県が協同して行う協同農業普及事業に基づいて様々な人的活動を行っており、公共の意志に基づいて行動する公共の外部指導者であるといえる[12)]。そのため、その行動は営利活動に縛られるものではなく、客観的・公共的な立場で協働者としての機能を発揮することができることが強みであろう。また、補助事業を手段として用いる場合もあるが、必ずしも事業推進を重要視しないという点も、その特徴といえる。

普及指導員には、公務員としての人事異動・転勤は避けられず、当事者“個々人”へのアプローチを積み重ねながら地域への密着を図ることや、対象地域の文化的背景や人間関係等の情報収集を行うには時間的な制約がある。そのため、地域住民でもある営農指導員や農業行政職員（特に市町村）との連携が必要不可欠となる。（上田賢悦）

■協働者の役割

農業・農村の協働者としての営農指導員の役割や強みは何か

10

営農指導の特徴　営農指導事業は、農業協同組合（以下：農協およびJAという）法第10条第1項に「組合員のためにする農業の経営及び技術の向上に関する指導」として位置づけられている。

農協の事業としてはこのほかに、販売、購買、信用、共済事業などがあるが、営農指導事業は、「営農と生活は車の両輪」という考え方のもと、農業生産と組合員の生活向上を図るため、すべての事業展開の中で実現するものとされている。

このような位置づけのもと、営農指導員は情報収集や新技術の普及指導、産地づくりなどを農業者と一緒に進めている。進めるにあたっては、個々の農業者の合意形成を大切にし、JA内部の理解も得ながら組合員の組織をまとめ、新たな方向へ動かしていく。また、近年では、担い手の育成・確保、環境保全型農業の推進、安全な農畜産物の生産指導、農作業安全確保のための取組み等の役割も重要になっている。

営農指導の強み　「営農指導員はJAの顔」と言われるように、営農指導員はJAと農家を結ぶパイプとして重要な役割を果たしている。営農指導員の強みは、農業者により近い立場で接し、地域密着型の活動ができ、それを販売、購買などの部門と連携して組合員への支援に結びつけられることである。

営農指導員は、自分が担当する部門や品目の生産部会（例えばトマト部会、イチゴ部会、柑橘部会等）を受けもち、その部会の推進方針にも大きく関わり、部会活動を通して、情報の伝達や技術・経営の指導を行っている。また、農産物の出荷規格にも関わり、集出荷場に出向いて農産物の出荷状況を確認したり、出荷している農業者の声を聞いたりして迅速に産地の状況を把握するとともに、販売事業や購買事業と連携して部会員の出荷データや購入資機材を確認することも可能である。

さらに、JAで取り扱う肥料・農薬、生産資材についての規格、価格、在庫状況等を含めた詳細な情報を把握でき、具体的な商品名をあげて斡旋できる立場にある。

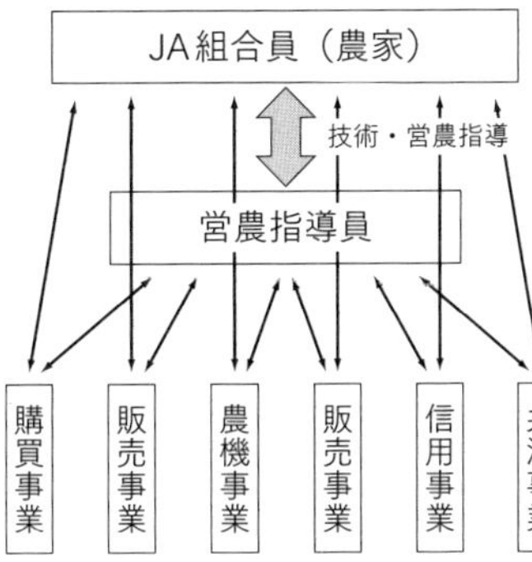

営農指導員の活動

営農指導の方法と留意点　このように、営農指導員は部会での取決めの決定にも大きな影響力をもち、決定した事項を支援する中心的な役割を果たす。

例えば、GAPの推進にあたって、部会全体として取り組む必要性を説き、部会としての取組みの決定に導き、全員が足並みを揃えて実施できるよう、実際に農家に出向いてGAP点検項目に沿った指導を行うとともに、個々の農家の状況に応じて必要な資材の手配や個々人では解決できない事項をクリアできるよう支援していくのである。

また、農業者からの相談に応じることで農地に関する情報、農業経営の課題、地域の課題などが把握でき、このような情報を総合して、地域農業戦略の策定、農地利用調整などにもあたっている。

このような取組みを行うさいには、条件の異なる個々の農家の考えをまとめていくことが必要で、営農指導員には組合員からの信頼感と粘り、意欲が求められる。周囲の信頼がなければ十分な成果は得られない。

このように営農指導員は、農業者の目的に寄り添って働いてくれる協働者として欠かせない存在なのである。

ただし、JA営農指導員の活動は、組合員に限定して行われるため、地域農業全体に関わる営農の課題を解決するには、普及指導員や市町村行政機関との連携が不可欠である。（園田 誠）

Box 09

日本の農業指導にみる「連携」と「協働」

「血が通った普及指導活動」を実践し継続するためには、どのような方法があるのだろうか。平成24年度日本農業普及学会調査研究事業「人を動かす普及学」の研究からは、普及指導活動の協働者たる農業者および関係機関との信頼関係は、普及職員と対象者がお互いに顔を合わせ、会話した回数に比例することが示された。よって、「直接農業者に接して（農業改良助長法第8条）」行う普及指導活動を、地道かつ愚直に実践するしかないのではないかと思われる。

ここで問われるのが、直接農業者に接するのは普及指導員個々とはいえ、普及組織としていかに連携し、情報共有や意識統一のもとで活動を進めるかである。昨今、プロジェクトチーム（PT）活動がはやりだが、関係者が集まり会議をすればよいというものではない。PTが機能するかどうかは、関係者が目的と意識を統一して、ベクトルを同じ方向に向けられるか、いわゆる「連携」、「協働」意識に基づく活動が必要なのである。

この「連携」については、「リカバリー普及学」（平成20年度日本農業普及学会調査研究事業）研究が参考になる。「リカバリー普及学」とは、起きてしまった失敗に対し、ネガティブな責任追及でなく、直接原因と根幹原因を分析し、失敗への対処方法や失敗経験を生かしての成功への道を探るといったポジティブ思考による研究である。この研究によれば、失敗原因の一つに「連携ミス」が取り上げられ、連携による活動を進めるには、当事者意識および積極的な参画意識が必要と提起された。お石灰（お節介）が、良いホウレンソウ（報告・連絡・相談）づくりを生む要素であるともいえ、これらの実践により、連携や協働は形だけでなく、実のあるものになっていくものと考えられる。

農業とは、自然や社会との協働という深く広い世界から成り立つ業である。この業に対し、農家・普及組織・関係機関等、相互連携・相互補完等による協働が今後ますます必要となるだろう。（関尾政典、関戸章一）

Box 10

専門家としての生きがいを先輩が語る

県に入って間もない頃、先輩から言われた「技師であることを忘れるな」という言葉はその後ずっと忘れられない。このとき、技術の専門家にならなければならないと真に思った。

だが、自分は一体何の専門家になるべきか。これは非常に難しい。大学などで学んだ経験や知識を生かせる専門分野がよいのではないかと漠然とした思いの人が多いはずだ。だが、やりたいと思った仕事が常にやりがいのある仕事となるわけではない。最初は仕方なくやっていた仕事が考えていたより面白く、やりがいを感じてくるということも多々ある。

私の場合、試験場で技術を磨きたいと思って希望したが、最初の配属先は農業改良普及所であった。畜産担当普及指導員として、試験研究で開発された技術を農業者に紹介し、農業経営に適応するように組み立てていくことや、農業者の相談にのり、専門的な技術を発揮しなければならない場面も多く、課題解決を支援していく過程で専門的な知識を身につけていった。しかし、専門家なのかと問われると答えに躊躇していた。あくまでも担当としての業務ではないかと感じていたのである。

だが、研究機関で開発された技術がそのままでは現地には適応できないといった経験を通して、普及の専門性を意識するようになっていった。「研究員が一生懸命開発した技術を現場に合うかたちにアレンジして普及しなければ意味がない」と。普及指導員は、現場をよく知り、農業者に頼りにされる普及の専門家だという認識が強くなってきた。研究と現場をつなぐことが普及の専門性の一つであると気づいたのである。

普及指導員や営農指導員は、新しい知識や技術を農業・農村の現場ピッタリにアレンジする協働者として、農業者と喜びを共有し、人の支えになっているという実感を得られる専門家である。人は「人の役に立っている」と認識するとモチベーションが上がる。専門家として、重要な局面で農業者から頼りにされるとき、特にやりがいを感じるのである。（園田 誠）

■協働者の役割

農業指導の民営化の現状と今後の方向性は

11

農業指導における棲み分け　農業指導を民間企業が行う例は、かなり以前から資機材や施設を扱う会社や種苗店などで一般的にみられる。特に資材を販売している企業の場合、営業や技術営業（プロパー）が担当地区の農業者を巡回し、農業者のニーズを汲み取って自社商品などを販売することが多い。ただし、この場合は、あくまでも目的は自社で扱う商品の販売であって、農業指導そのものを有償化している例は少ない。

一方、店舗において施設設備や種苗などを販売する業態では、通常、巡回指導による営業方式はとらないことが多いが、店舗に来た農業者などに様々な農業指導を行うケースがあり、農協の資材販売の場合も同様な販売形態と考えられる。それ以外に、養液栽培装置や生産システムを販売する民間企業では、一定の期間に限り技術等の指導を行うことが多いが、施設やシステム以外に肥料や資材を継続して販売する場合には、巡回指導を行う場合もある。

こうした民間企業による農業指導は、今までも公的な普及指導と並行して行われつつも、棲み分けがあり、例えば病害虫防除の指導などのように1つの企業の製品だけでは防除体系を組みにくい場合などでは、普及指導員が指導することが多い。また、種苗会社の協力による栽培講習会や巡回指導も多く行われている。一方、民間企業が主導しつつも、日常の農業指導などで手が回らない場合には、公的な普及指導や農協の営農指導が補うといったかたちで行われることも多い。

公的な普及指導と農協の営農指導との違いは市場出荷が中心だった時代には、主に技術的な指導は公的な普及指導、それ以外の流通・販売指導や融資、農家経営などは農協といった棲み分けを行う場合が多かった。しかし、現在では直売や農産物直売所での委託販売等、販売方法や経営形態が多様化し、農業者の農業指導へのニーズも高度で多様化した。このことから、農業指導の態様も大きく変わることとなり、民間の経営コンサルを活用するなど一律の技術指導等に加えて、コーディネート力が要求されるようになっている。

海外ではいま　外国に目を向けると、オランダは世界に先駆けて、トマトの施設生産などで飛躍的な収量増をもたらしたが、その背景には有償の民間企業による農業指導がある。オランダの場合、農業を扱う教育機関の役割を一元管理するとともに、国内の農業大学と公的農業試験場を集約し、ワーゲニンゲンにUR（University & Research Centre）を設立した。そしてURを中心に民間企業の研究機関を集めた食品産業クラスター「フードバレー」を形成し、異業種間連携、産学官連携による技術開発を推進している。このフードバレーで開発された技術や製品を導入・運用するさいに、DLV社など農業コンサルティング企業やGreenQなど民間農業試験場が技術支援を行っている。DLV社はオランダ政府が創設した農業普及機関で1999年に民営化された。GreenQは農業者が設立した農業試験場兼コンサルティング会社である。有料のサービスであるため、農業者の高水準な要求に応えるサービスが提供されている。また、農業法人に対しては技術のほか、金融、流通など多岐にわたって民間企業が支援を行っている。このような農業指導の民営化は急速で徹底した技術変革が行われる基盤となり、オランダの施設園芸を輸出型産業に導くことに成功した。

今後の方向性　日本でも農産物輸出を増やす方向性での政策が進められているが、オランダの農業指導システムをそのままなぞるのは難しい状況がある。すなわち日本が得意としてきた農業は米や露地栽培の野菜や果樹など効率性の向上に限界があり、また土地の集約が難しく高効率性の機械化された農業は北海道など一部に限られることなどである。

今後は、農業の6次産業化やICTを活用したスマート農業や経営規模の大規模化などが進行し、農業指導の民営化は重要度を増すだろう。しかし、前述の事情から、ただちに民間による農業指導に移行するよりは、民と官で得意な分野を連携し、農業者をサポートしつつ、なお一層の役割分担の明確化を進める必要があると考えられる。（藤代岳雄）

■協働者の役割

民間企業による協働の特徴と可能性は何か

12

農業分野で民間企業が行う支援・コンサルテーションには、①農機メーカーや資材メーカーなどが生産者に自社商品販売のさいに行うもの、②税理士や公認会計士などが生産者に会計業務の一環として行うもの、③ICTベンダーが自社製品を販売し、サポートを行うさいに実施するもの、さらに④コンサルを生業にしている「民間コンサルタント」(以下、「民間コンサル」という) が、生産者等に栽培の技術面や経営面などについて行うものに分かれる。

このうち、①②については、従来から行われてきた伝統的な形態であり、③④については、最近10年間くらいに広がりつつある、比較的新しい形態である。筆者は④に該当する事業者であり、その経験をもとに、今後の民間の活動がどう広がっていくか、進むであろう方向を予測してみたい。

方向1　民間コンサルが栽培指導を行い、生産者から料金を取っていく方向である。これは最適作物・品種の選択、収量増や肥料など資材の削減方法など栽培方法についてコンサルを行い、生産者から報酬を得るというものである。イギリスやオランダなどで一般化していて、わが国でも最近登場しつつある。コンサルの対象は、現在は一部の大規模経営などで、これらの経営体は普及指導員も指導対象としているが、生産者は、有料で民間コンサルのサービスを選択している。

方向2　もう1つは、弊社が実際に行ってきたような農業経営のコンサルやわが国の農業政策上の新規分野である輸出支援などである。この場合は生産者自身が経費を負担することはまれで、ほとんどで国費や県費が利用されている。

内容的には経営の専門的支援や、公的普及指導 (普及指導員は都道府県職員) が制約を受けることになる首都圏や海外でのマーケティングなどが大多数であった。経営やマーケティング支援について仲介したのはいずれも普及指導員で、人員削減などの影響もあり、これらの分野で普及指導員の関与が弱まっている現状下で、外部機関の専門的支援を活用していることがうかがえる。この事例の経営支援については、栽培面の指導は普及指導員、経営面の助言は民間コンサルと、おおむね役割分担されている。

まとめ　大規模経営が増えるに伴い、生産者にとって経営上のメリットが明確な方向1のように、生産者自らの負担で民間コンサルからサービスを得ようとする例が増えると思われる。

今後は、とくにスマート農業・AI農業などの進展により、農業経営により高度な技術・経営情報が提供されることが予想され、生産者にさらに専門的対応が求められていくだろう。そのため、農機メーカーや税理士・会計士らによる助言とともに、IT企業のサポートや民間コンサルによる指導に対する方向1の動きが強まり、生産者の経費負担が広がっていくことが予想される。

そのとき、公的普及指導にはこれら民間企業等と競合する方向ではなく、方向2を念頭においた地域や生産者個々をサポートする協働者として、今後、民間企業等を積極的に活用することが求められていくものと思われる。（福田浩一）

民間コンサルによるコンサル業務

コンサルの内容	対象者	経費負担者
農家の法人化支援	農家	県庁（県単事業）
米の販路拡大支援	農家グループ	地域の活性化協議会（国事業利用）
米の輸出支援	農家	輸出業者
経営分析とコンサル	農業法人	普及センター（県単事業）

資料：日本農業サポート研究所の業務実績から筆者作成

■協働者の役割

農業者とさまざまな協働者との協働全体はどうありうるか

13

関係性構築のマネジメント　農業者を含む様々な協働者が参画する活動では、協働者同士がその活動のゴールを共有したうえで、win-winとなる関係性を構築するためのマネジメントが求められる。そして、そのマネジメントにおいては、各協働者がコラボレーションできる知識創造の「場」の構築と「意見の反映」が重要となる。

「場」とは、物理的な場所だけでなく、特定の時間と空間、あるいは「関係の空間」を示す。「場」は知識を生み出すための文脈を提供することで、個々人の内部に蓄積されていた「暗黙知」が意味づけされ、新たな知識の創出が行われる[13)]。また、「場」とは「人々がそこに参加し、意識・無意識のうちに相互に観察し、コミュニケーションを行い、相互に理解し働きかけ合い、心理的に刺激する、その状況の枠組み」と定義される[14)]。つまり「場」とは、知識の創造や活用、情報的相互作用、心理的共振、知識資産記憶の基盤となる物理的・仮想的・心的な場所を母体とする関係性であるといえる（図参照）。そのため、JAの生産部会や各種協議会における会議などの公式な「場」だけでなく、電子メールや電話による打ち合わせ、集落の寄り合いや出荷所等での雑談も非公式な「場」として有効となる。

そして、「場」においては「意見の反映」を特に重視した活動が重要となる。「意見の反映」とは、一方的に他の協働者の意見を受け入れるのではなく、協働者の要求を抽出し、文書化、交渉、調整、妥協、再検討という各プロセスを繰り返しながら、協働者間で共有化を計ることで協働活動へ反映させていく作業である。

「知識通訳」の役割　ここで意識するべきは「知識通訳」[15)]という概念である。「知識通訳」とは、独自の組織文化をもっていたり、知識体系が異なっていたりする複数の協働者の間に立ち、相互の知識共有を促進させたり、両者の仲裁をしたりすることである。

なぜ、「知識通訳」が必要であるのか。例えば、様々な利害関係者が関わる産学連携等においては、異なる立場にいる協働者や組織の間の根源的な障壁の一つとして、使用している専門用語（言語体系）や活動の背景、動機付けや報酬のあり方、根本的な達成目標が異なることから生じる「価値観のギャップ」が指摘されている[16)]。そのため、複眼的な視点から技術統合や外部知識の吸収・融合を行う「特定の存在」（触媒）として、協働者や組織間を調整する特殊な言語媒介能力をもった人材が不可欠となるのである。

この「知識通訳」は、「知識通訳者」がもつ知識量や個別要件の評価能力が制約となるため、「自身が理解できない場合は通訳ができない」となりうる。そのため、知識通訳者は、各協働者と構築したコミュニケーションネットワークを活用することで、自身の知識量や個別要件の評価能力を補完し、「理解できないことは訳せない」状況を克服する必要がある。

また、この「知識通訳」には、Ⅲ－02で述べている積極的傾聴の姿勢が求められる。（上田賢悦）

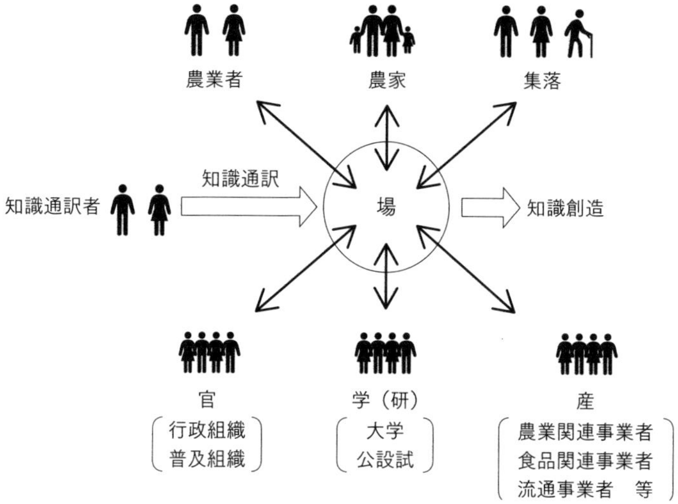

「場」における協働者の関係性から生まれる知識創造

Box 11

世界の農業普及や指導支援の動きと課題

世界各国の農業の普及や指導支援は、まず農業が行われる自然環境とマクロレベルの主要ファーミングシステム（営農体系）[17)]、および経済発展のレベルによって分けて考える必要がある。前者には、温帯と熱帯によって主要作物と畜産が違い、年間降雨量と季節による分布も重要な要因である。地形によって土地利用が変わり、雨量によって水利用の集約度が違う。後者の経済発展のレベルによって、営農への投資と販売戦略が大きく違ってくる。これらの要因の組合わせのパターンによって、営農が大きく変わり、普及や指導支援の課題が違ってくる。そして、主要な組合わせとその課題は下記のように大きく変わってくる。

温帯湿潤地帯　日本と気候が似ている西ヨーロッパと北米は、市場の差別化を目指す低農薬栽培や有機農業の比重が増している。ヨーロッパでは、普及制度が民営化され、支援が有料の個別コンサルティングに移行している国が多く、課題が農家によって個別化している。北米では、一部のサービスの有料化がみられるが、従来の公的普及制度がなお機能している。高齢化、多様な新規就農者への支援、アグリビジネス、耕作委託による規模拡大などが課題である[18)]。

熱帯湿潤地帯　東南アジアとアフリカの赤道付近にみられる。東南アジアにおいては、灌漑施設が低地で整備され、経済発展が進み、公的普及が機能する。1960～70年の「緑の革命」による高収量高投下型食糧増産を経て、市場向け低農薬技術、作物と畜産の多様化、永年作物の振興などが課題である。アフリカでは、公的普及が弱く、非政府組織（NGO）がこれを補完し、灌漑設備の整備を重要な課題とする。

熱帯半乾燥地帯　広くアジア、アフリカ、中南米に分布する。天水畑作が主要な営農体系である。経済発展のレベルが低いアフリカでは、雑穀食糧生産の安定が大きな課題である。経済発展が進んでいる東南アジアでは、溜池や灌水技術の普及が図られており、野菜と果樹の市場戦略も課題である。（ジョン・コールドウェル）

Box 12

日本の農業教育の特徴、新しい潮流

農業教育の目標とは　農業教育の目的・目標をどこに置くか。農業者の養成ならば、対象者の年齢、経験、将来展望などに応じて、徹底的にあつらえるのが理想である。もちろんプロの受講に堪えうる内容と方法を準備しなくてはならない。既製のマスプロ教育では太刀打ちできず、やはりICTの活用が現実的となるのかもしれない。だがそこで思い出してほしいのは、日本の伝統的農民教育法「師弟同行」である。あえて「日本の」と断ったのは、古くから国際協力の現場で、日本以外の欧米先進国の農業指導者は畑に入らないという言説があったからである。アメリカでも、国内ではコンサルタントが畑を回って現場で相談を受けるのは当たり前だから、援助国の差別感や指導者の未熟さかもしれない。だが未熟というなら、日本の農業指導者でも現地農業を熟知しているわけではなく、青年海外協力隊員だったら農業初心者も多い。それでも上記のように好意的に語られてきたことを忘れるべきでない。他方教養・情操教育の一環としての食農教育など、すっかり市民権を得ており、ますます重要になってくるであろう。

新たな師弟同行　さてこの2つの方向の農業教育双方に「師弟同行」が重要というのは違和感があるだろうか。では師弟同行が出現する場を「実践コミュニティ」と言い換えたらどうだろう。積極的な教授・受講のかたちではなく、共に畑で、田圃で汗を流す。これまでは師の背中を見て育つ、したがって師が弟子より飛びぬけた知識・技術をもって臨まなければならないと考えられていたかもしれない。しかし実践コミュニティ論ではそうとも限らない。先輩・後輩にそれぞれの役割があり、それぞれに学び合うからである。さらにあらためて取り上げる師弟同行では、作物（家畜）という師でも弟子でもない存在を中心に置き、そこに向かって各自努力することが学び合いにつながる。ここで中心にあるのが自立的な生きものである作物であることが重要なのである。人智を超えた存在に対して、真摯に学びあう場、それが畑なのだ。（稲泉博己）

III

協働の作法

協働の基礎技能
農家のどこに注目するか
農家とどう向き合うか
協働の実践 1
協働の実践 2

■協働の基礎技能

農業・農村の協働者に求められる大切な能力とはどういうものか

01

農業者への技術指導と経営改善および農村・集落の振興において、中心的な役割を果たす最も身近な協働者は、普及指導員、農協の営農指導員、そして農業・農村担当の行政者である。ほかにも研究機関や教育機関、農業資機材の供給や農産物の保管、加工、輸送、流通、販売、さらには情報提供などに関係する民間企業も広い意味で協働者といえるが、農業者への直接的な関与という点では、これまではやや薄い存在であった。

さて、農業・農村の協働者に求められる大切な能力は、協働者が関わる任務やその業務内容、職種としての立ち位置、責任の大きさなどによって大きく異なろうが、おおよそ3つの項目にまとめられるのではないか。第1は、農業者や地域に寄り添って何らかのプロジェクトを、計画、実行、評価を同じ目線でともに行うことのできる能力、第2は、農業者や集落の振興に関わるステークホルダー（以下、対象者）に、新しい技術や知識・情報、行政手続きなどを理解しやすいかたちに解釈し直して伝える能力、そして第3は、対象者の考え方や思いを深く理解し励ましていく共感力、に集約されると考えられる。以下、それぞれについて掘り下げていく。

第1の点では、概念的フレームワークを共有することが重要である。よく用いられるのがPDCAサイクルである。PDCAサイクルとは、導入した技術の効果的な定着や経営改善の望ましいあり方を検討するために、Plan（計画）→Do（実行）→Check（評価）→Action（改善）の4段階を繰り返すことで、目標の達成へ導いていくというものである。このプロセスは個人のレベルで実施しても、成果が容易に発現していかない。協働者とともに作業を行い、それぞれが意見やアイデアを出し合うことによって、望ましい事業の計画、効果的で効率的な事業の実行、客観的で偏りのない事業の評価、それを受けた新しい提案のもとでの改善方向の提示が図られていくものと考えられる。一方、何らかの事業を計画し実行していく過程で、政策や人材、財源、取り巻く経済環境などの外部条件が変化していく事態は避けられない。こうした条件変化に合わせてあるいはその変化を予見しながら、計画や実行の手順を機動的に修正していくことを、協働者が対象者と一緒に考えていかなければならない。特に、目標実現のために計画がある程度の財源を必要とする場合、対象者の財政事情に照らしながら、補助金や融資、奨励金などをどのように組み合わせていくかをともに検討していくことが望まれる。

第2の点では、協働者のもつ力量の大きさが前提である。新しい技術や知識・情報は、即座には対象者に理解されにくいかもしれない。そこで技術導入や知識・情報の理解を早めるために、対象者の関心を引き寄せる伝え方の工夫が必要である。簡にして要を得た伝え方、要するに導入する技術の効果が可視化できるデモンストレーション、政策や制度の用い方で経営改善効果が目に見えて期待できる伝え方などが必要である。そのためには、何よりも対象者の立場に立って分かりやすく解説し、具体的な事例を示すことが肝要であるが、協働者自身が伝える事柄を深いレベルで理解し認識しておかなければならない。分かりやすい教材の開発、ICT技術による映像・動画を駆使したプレゼンテーション、現場での体験学習などの伝達手段を組み合わせて、より具体的かつ実用的に伝達する能力を協働者が保持していなければならない。

第3の点が、実際のところ最も重要かもしれない。対象者は与えられた条件と環境のもとで、経営力を向上させるために日々懸命な努力を続けているものである。自らの独創的な着想とアイデアをもって様々に試みようとしている。その試みを素直に受け入れて、理解を深めようとする姿勢が対象者の共感につながる。一方で、直面している課題に対しそれを引き起こした背景や課題が生じるに至った因果関係について理解を示し、一緒になって課題の解決に向かうことが、対象者の信頼を得ることにつながる。そして、対象者が抱える問題の把握と課題の解決にあたり、様々な協働者が相互に連携を取り合って一貫した支援の体制を築くことが、対象者の共感を得ることにつながるであろう。(板垣啓四郎)

■協働の基礎技能

協働活動に不可欠なコミュニケーションスキルの特徴と高め方は　02

よく聴く力＝積極的傾聴能力の重要性　参画する動機やその背景、根本的な達成目標が異なる様々な協働者との協働活動においては、協働者のみならず、協働活動をとりまく関係者も含めて適切な関係を築き、協働活動を円滑に進めていくためのコミュニケーションスキルが重要となる。

具体的には、ある協働者の発話に注意深く耳を傾け、素早くその本質をとらえ、別の協働者やその関係者に対して的確に伝えるというコミュニケーションスキルである。そのコミュニケーションの基盤となるのが、積極的傾聴能力（よく聴く力）、である。この積極的傾聴能力を身につけないかぎり、いかに農業生産・飼養管理技術や経営管理に関する知識を習得して語彙を増やそうとも、その語彙がコミュニケーション・ツールとして十分に効果を発揮することは難しい。

「積極的傾聴」とは、単に相手の話をよく聴くことではなく、①判断や評価をせずにまずは相手の発言を理解する、②自身のニーズ・意志・動機・悩み・問題等を率直に発言できるように促す、③自身の深層心理に気づくことを支援する、④相手の選択肢を広げる、⑤相手が納得して意志決定できるようにする、ことである[1)]。具体的には、「聴く」、「共感する」、「質問をする」という支援のプロセスで構成される[2)]。

聴く　相手の発言に対して誠実に興味を示し、アイコンタクトや姿勢と適度な反応を返す。また、相手が意見や感情を表現する余裕を与えながら、相手の状況を観察する。観察するさいには、相手の言語内容だけなく、非言語的行動（抑揚、言いよどみ、ため息、沈黙、身体的動作、身振り・しぐさ等）や周辺的言語報告（「ほかにない」等の繰り返し、感嘆、等）にも注意を払う。そのさい、留意すべき姿勢・態度としては、やさしくアイコンタクトをする、ときどき頷く、ときどき相槌を打つだけではなく、状況に応じて沈黙を保つ、発言を遮らない、発言を待つことも重要である。また、メモをとることで発言を見える化することが有効である。

共感する　同意することや同情することではない。相手の考えを自分が正しく認識していることを伝えることであり、相手の気持ちを自分がきちんと受け止めていることを伝えることである。そのさい、留意すべき姿勢・態度としては、相手の発言をそのままオウム返しする、相手の発言を言い換える、相手の話したことをまとめる、相手の認識を整理（相違点、共通点、疑問点）するなどの方法があり、それによって認識を共有する。

質問をする　相手の気持ちや考え方をより深く、より正確に理解し、相手から得られる一つひとつの情報をていねいに自分のものにすることにつながる。具体的には、相手からの答えが「はい」、「いいえ」等に限定される「閉じた質問」ではなく、相手が話の内容を広げられるような「開かれた質問」をする。例えば、「～についてもう少し詳しく話してくれませんか」、「発言したことの理由は何ですか」、「～とはどういう意味ですか」、「何か具体例はありますか」、「いつ頃から問題は発生していますか」、「コストは、いくらかかっていますか」という掘り下げる質問がある。そのほか、「ほかのアイデアはありますか」、「より高い目標を立てるとしたら、どんな目標になりますか」、「ほかに原因はありますか」という広げる質問も考えられる。また、複数の当事者間のコミュニケーションを調整するという視点であれば、「賛成意見は出ましたが反対意見はありませんか」、「違う考えをもっている人はいませんか」、「共通点は」、「相違点を克服するには、どんな方法がありますか」などがある。

協働者は、「指導できなければ」、「支援できなければ」と考えるあまり、研修会や会議の場で「いかに話せるか」に陥りやすい。しかし、大切なのは「いかに聴けるか（傾聴できるか）」の方である。（上田賢悦）

■協働の基礎技能

農家のホンネが分からないときはどうすればよいか

03

ふだん農家が協働者にいろいろなことを話してくれていても、ホンネを語ってくれないことは、ままあることである。しかし実際にはホンネを言ってくれないこと自体を察知できず、またホンネなのか、ホンネではないのか分からないことも多い。では、どうしたらホンネが分かるのだろうか？

農家のホンネ　農家に限らず、人には2つのホンネがあり、それぞれに適したアプローチが必要になってくる。1つは、農家の側に明らかに明瞭なホンネの部分があるが、何らかの理由でホンネを語れない（語らない）場合、もう1つはホンネがあっても、農家がそれをうまく表現ができない場合である。

ホンネが明瞭な場合　まず農家からの信頼度を高める必要がある。信頼を高める第1の心構えは、相手の農家を認め、1つでも良いところがないか探すように努めることである。そして、敬意をもって農家に良いところを伝えるといい。協働者は指導者の立場から、農家の悪いところや欠点を探して直したい気持ちになりがちであるが、まず相手を認める気持ちが大切である。そのことで、農家は協働者と共感をもつようになり、かつ農家自身も自分を肯定的にとらえるようになり、自分を認めてくれる者には自然とホンネを語りやすくなる。

第2に誠意をもつことである。誠意とは、自分の仕事の目標達成などのお願いごとばかりでなく、農家が依頼する仕事を120％満足してもらえるよう努力するとともに、私利私欲を捨てて農家への支援を行うことである。これは、信頼関係を結ぶための第一歩として重要で、ギブ＆テイクの関係を繰り返すことで、普段から自分のサポートを十分にしてくれる相手には困ったときにはお返ししたいという気持ちになるからである。しかし、時には行政施策や組織の方針のために農家にお願いしなければならないこともあるし、立場上できないこともある。農業の協働者は農家と自分の属する組織の両方の立場から、対処を考えねばならず、それゆえ揺れ動き苦悩する存在であるが、立場上できないことはある。そこで、対応の可否を十分に調べたうえで、できないことが明らかなときには農家に説明し、その理由を納得してもらうことが必要である。

第3に農家から見て、尊敬できるような姿勢を見せることである。このため、常日頃から努力を怠らないことが必要である。かつて、普及指導員は農家に背中を見せる仕事だといわれてきた。つまり、協働者は分からないことは勉強し、切磋琢磨して知識や技術を身につける姿勢を農家に見せなければならない。そのためには、必要とあれば与えられた研修だけでなく、身銭を切ってでも知識や技術を身につけるようにしたい。

こうした主に3つのことなどから、信頼を得て、農家にとってホンネを語れる存在になることが回り道ではあるが必要なことである。また、信頼を得るための話し方、謙虚な姿勢なども必要なので、身につくまで意識して取り組むとよい。

農家の側にホンネがあっても、それを表現できない場合　これには、“傾聴”という方法が効果を奏することが多い。“傾聴”は①農家の話に深く注意しつつ、中断せずに話したいことを話してもらう。②相手農家を深く理解し、農家の気持ちに共感する。③農家自身の思考や感情が徐々に整理される。会話の最初は形になっていなくても、“傾聴”されることで農家自身が「何をしたいのか」分かってくるという特徴がある。

そのほか、信頼の醸成は会って話をする回数と比例することや「飲みニケーション」も農家のホンネを聞き出すにはよい場なので、積極的に活用するとよいと考えられる。（藤代岳雄）

■協働の基礎技能

農業技術の修得はどのように行うべきか

04

新任期の普及指導員や営農指導員は、技術的な不安が大きい。それは実際に農業を実践している農業者と自分の技術レベルの開きがどの程度あるのか、自分の知識がどの程度通用するのか分からないままに指導しなければならないためである。

物理学者アルベルト・アインシュタインは、「学習とは経験である。それ以外のあらゆることは、ただの情報にすぎない」と言っている。専門書を読んだり、講義や講習を受けたりして得た知識をもとにして自分の経験にできるかどうかが技術を修得するカギとなる。それには、現場の課題解決を通して経験を積み重ねることが最も効果的である。知識が技術修得へとつながっていった1つの事例を紹介しよう。

新任の普及指導員が作物の実証展示圃を数か所担当することになった。作物ごとに耕種基準があり、そのとおりにやればよいと考えていた指導員だが、実際に現場の圃場に立ち大勢の人前で、種の播き方や、肥料の散布方法を説明しなければならない。しかし、経験がないので要領よく説明できないし、現場の土壌条件の違いや機械のトラブルなどで全くお手上げになってしまったのだ。すると、指導対象である農業者のリーダーが普及指導員の技術レベルを慮《おもんぱか》って、現場で実践している技術を使って進めてくれたのである。普及指導員は、指導しなければいけないという姿勢から、農業者に学び、農業者と一緒に学んでいこうという姿勢に転換するとともに、知識だけでは技術者ではないと痛感した。

それ以降、展示圃場を巡回して、状況を農業者とともに観察し、分からないことがあると、文献を調べたり、上司や試験場に問い合わせたりした。内容が分かってくると、農業者の意見を聞きながら技術を深く掘りさげて考えることができるようになり、さらに探求したくなっていった。こういったことを繰り返して技術は身についていったのである。

このように、指導員としての農業技術修得の方法は、現場の課題解決活動の中で経験することが一番であるが、対象とする農業者が求める技術によって修得すべき技術は違ってくる。まずは農業者の課題をしっかりと受け止めることだ。そして、関連する情報を集め、そのなかから求められている課題に対応できる情報だと判断したら実際に現場で実行し、評価し、経験を積み重ねていく。その過程で技術は身についていく。ここで大切なのは、協働者として農業者に寄り添って一緒に解決しようと熱意をもって臨むことだ。

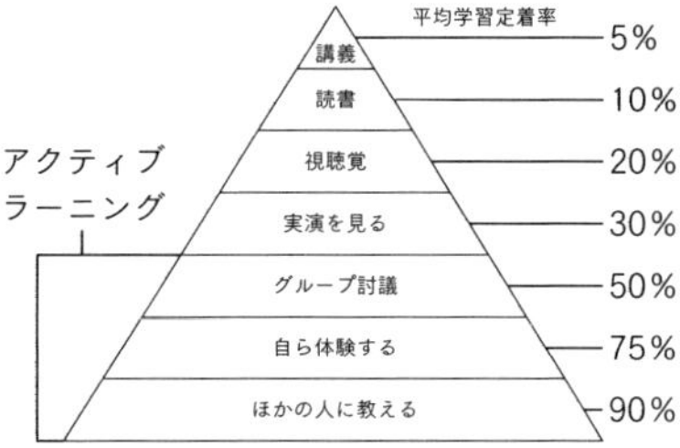

ラーニングピラミッド
出典：The Learning Pyramid.
アメリカ National Training Laboratories

アメリカ国立訓練研究所が発表した学説ラーニング・ピラミッドには7つの学習方法にそれぞれ平均学習定着率が示されている。これによると、学習定着率はグループ討論（50%）、自らの体験（75%）と比較的高く、最も高いのはほかの人に教える経験（90%）である。指導員は、他人に教える行為を行う職業であり、現場での指導経験こそが技術修得に効果的なのである。

さらに現場の課題解決に挑戦していく過程では1つの課題解決が終わるとすぐに次の課題がみえてくる。このため次の課題解決のための情報、知識を集めていかなければならない。それが次の経験に使われ、自分の技術となっていくのである。

また、指導員は調査を行うことで技術を身につけることも多い。調査目的を踏まえて、調査項目を設定し、調査方法を決定するが、現場の課題解決のための調査であるため、農業者とともに行うものであり、農業者が調査の目的を十分に理解し、協力できる体制をつくらなければならない。調査を行う過程で現場の農業者とともにしっかりと観察を行うことで、技術のポイントを掴むことができていく。さらに現場で学んだ技術を多くの人に普及することで確実に自分のものにできるのである。（園田 誠）

■協働の基礎技能

農家の経験を整理して伝えることの意義と手法は

05

協働活動の第一歩　それは現場の「実態把握」である。特に、農家が語る経験談のなかには地域の農業・農村の実態をつかむヒントがたくさん含まれている。把握すべき実態とは、①歴史・気候風土などの「集落」、②耕作面積・就農状況などの「職業実態」、③衣食住の状況・生活環境などの「生活状態」、④人のつながり・代表者などの「人間関係」に分類される[3]。

新任地を担当することになった普及指導員やJA営農指導員はまず、これらについて前任者や職場の先輩からの引継ぎ事項として、他機関の職員からの情報として、さらに文献を調べること等により実態はある程度つかむことができる。しかしこれだけでは不十分である。直接農業者に会って経験から得られた知見（経験知）と「思い」を聞き取り自分の目と耳で補強する必要がある。

課題の設定と解決　次に、農家が語る成功や失敗の経験知から共通点や相違点を抽出し、それに基づく仮説を現場で検証するという「仮説演繹法」に則って整理・分析することにより、協働活動の第二歩である「課題の設定と解決」に進むことができる。

上記の②の範疇に含まれる技術課題の例でいえば次のとおりである。トンネル冬春どり青首ダイコンを栽培しているA農家は、経費節約のため使い古したビニールを一部の畝に掛けたところ寒さによる柚根部の表皮剥離（寒害）が少なかったが、新ビニールの畝よりも収穫始期が1か月も遅れ、抽台した株もあったという経験を話した。B農家は新ビニールの内側に不織布を掛け（べたがけ二重被覆）し、同時に昼夜裾換気をしたところ、収穫期を遅らせることなく寒害も抽台も防げたという。一方、C農家は二重被覆したが、無換気であったため葉が繁茂し根の肥大は悪く寒害も発生したので「この技術はダメだ」と語った。

この話を聞いた普及指導員は、個々の栽培概要について光透過率、換気期間と換気程度などを定量的に記録し、JA営農指導員と一緒に農業試験場を訪ねたところ、寒害防止に関する研究に取り組んでいた研究員と協働し、資材メーカー・各農家の協力も得て現地試験をすることになった。その結果、A農家の古ビニールは放射冷却を抑えるが光合成も妨げたために生育が遅れたこと、B農家の二重被覆は生育初期には昼間の高温が脱春化の効果を生み、夜間の保温効果により寒害も発生しなかったが、C農家では、根部肥大期に昼夜温隔差が大きく逆に寒害を招いたことが分かった。

なお、この研究成果を基に栽培マニュアルがまとめられた[4)]が、被覆資材のコストに差があること、暖冬年には効果が現れないことなどから、技術の普及にあたっては農家個々が判断できるよう経済性や栽培条件を示して指導する必要があった。

整理・分析の意義と共有　このように農家の経験知には一見相反する情報が含まれることもあるが、自然現象でも社会現象でも、科学的・定量的に整理し関連性を分析すれば、そこから新たな知見がみえてくる。アメリカの発明家チャールズ・ケタリングの言葉「問題を適切に分析すれば、問題は半分解決したようなもの」のとおり、経験知を適切に整理する意義は大きい。

経験が意味する個々の要素は、まず上述の①〜④の分類で整理するが、栽培技術が集落気質や生活環境に影響されるなど、要素間の関連性も考察し的確に「実態把握」をしてほしい。そして、整理した情報は研究・行政・JA・企業・地域住民などと広く共有することによって様々なアイデアのもとに「協働」が始まることが期待できる。ただし、共有できる情報とできない情報(個人情報等)があるのでその線引きには十分注意する必要がある。

(神保信幸)

■協働の基礎技能

農業・農村を実践的にとらえるうえでの方法と態度姿勢とは

06

1980年代だが、私の発言で反響をよんだ「農薬を散布しようという指導は机の上でもできるが、散布を見合わせようという助言は田んぼの中で、百姓と向き合わなければできない」という言葉は、「普及方法」を経験でつかみ取った気分がよく現れている。現状に農家が不満や疑問を抱いていると感じとる場面とは、まさか机の上で統計数値を分析しているときではあるまい。まして、どこに問題があるのかをつかむためには、田畑に足を踏み入れ、農家の言葉に耳を傾けるだけでは足りない。「好きで農薬散布をしている百姓など一人もいない」という農家の発言は、農薬中毒のことではなく、「自分で要否を判断できない防除技術体系への違和感」であることに気づくためには、農家との長い協働の経験が必要であった。

同時に総合防除の研究を学びながら、次の言葉に触れたときに、私は実践の方法論に“目覚めた”。「現状では、個々の農家が防除の要否を判断できるところまでには程遠い」[5]。農業技術において農家の主体がないがしろにされていることが「多農薬」のほんとうの原因であることが、分かった瞬間であった。

だが、総合防除という科学的な考え方と思想だけでは、農家自らが農薬を減らすことはできなかった。農家のなかに反省と自己変革の芽が生まれなくてはならなかったのだ。大事なことは問題をまずは農家の内部に探すことである。案外、当事者にも意識されていない問題がある。これが一番根が深くて難しい問題である。問題の核心がつかめれば、解決法がまだ見つからなくても、希望はみえている。

問題をどこまでも「あなたの問題として、探す」ことが大切だ。それは楽しいことばかりではない。つらいことも多い。問題がつらいのではない。抱えた身体と心がつらいのだ。解決手段として「科学」の知見を使うときには、こういう次元を通り過ぎた後のことだ。その「科学」の知の行使に専念していても、時おりこうした過程を思い出すといい。「科学」だけでは言葉が薄っぺらく感じる時がなくてはならない。

「実践的」ということは、すぐに役立つことではない。現実に流されないように、現実を深く掘り下げて、問題の根をつかむことで、現実に誠実に向き合うことだ。これを具体的に技術に当てはめてみよう。

すべての技術の行使は、①観察、②判断、③行使の順に行われているように、表面的には見える。また観察は眼で、判断は頭脳で、行使は身体で行われているように見える。これらの技術の母体となって、技術を使いこなしているものこそ「仕事」であろう。技術だけを見ていては、実践的ではない。技術を含んだ仕事全体を見ることが実践的なのだ。その全体を見るまなざしこそ、基礎的で、根本的で、深くあらねばならない。

じつは①観察は、②判断のためだけに、②判断は、③行使のためだけに、③行使は、生産のためだけに行われているわけではない。農家の話を聞いていればわかることだが、①観察は観察だけで完結することも多く、それ自体が楽しみでもあるのだ。②判断は、観察に基づかなくても、思い出で、直観で行われることも多い。③行使（手入れ）に至っては、その最中には我も忘れ、時も忘れ、天地自然に没入することはしょっちゅうあることだ。

このように科学的な見方は、技術や仕事や対象を分解して分析する方法は深めてきたが、深め方が「生産のため」という目的に直接つながる部分だけをとりあげてしまう。そういう見方からこぼれ落ちてしまうものがあることを忘れる。そして「総合化」が苦手だ。しかも「技術」を支え、使いこなしている人間の気持ちや経験に眼を向けることを忘れていく。これでは「実践的」にはなれない。伝えやすい、表現しやすい技術ですらこういう内実があるのである。ここにまでまなざしを届かせるためには、基礎的で基本的な「協働学」が必要なのだ。

さらに、村の共同体や村の自然をとらえるまなざしはいよいよ浅くなっている。作付面積や生産高などの数値に出ているものはすぐに分かる。その数値を現実の村に当てはめて考えるためには、そこで生きている農家の内からのまなざしと重ね合わせなくてはならない。（宇根 豊）

■農家のどこに注目するか

農家は何を重視し、それが営農のあり方にどう影響するか 07

「仕事がはかどる」というのは農家にとっては大きな喜びである。それは必ずしも「生産性が高い」ということではない。自分の技能がうまく発揮できて、相手とする生きもの（田畑などを含む）がその仕事によく応えてくれた「協働」の境地を表現しているのだ。とりわけ「仕事に没頭する」ことができたときには、農家に豊かな充実感をもたらす。時の経つのも忘れ、経済のことも、家族のことも、そして我すらも忘れて仕事をしている境地は、とても幸せなひとときだと感じるのである。

しかし、これは奇妙なことだ。この「忘我」の境地が、もっとも人間らしいというのは、矛盾した言い方のように思える。なぜなら、「忘我」の最中には、人間らしいとか、幸せだとかいう感覚もないのだからだ。それでも我に返って、振り返ったときに、そう言うしかないと感じるのが人間の人間らしいところかもしれない。この境地を「天地自然と一体化した」とか「天地自然に抱かれた」と表現するが、まるで近代的な自我を否定するような立場になってしまう。

私が40歳代の農業改良普及員だった頃、ほとんどが農家の老人会で「あなたの人生で一番楽しかったのはいつ頃ですか。その理由は何ですか」というアンケート調査をしたことがあった。すると圧倒的多数の農家が「昭和30年代が一番楽しかった」と回答した。その理由で最も多かったのは「家族みんなで仕事ができたから」というものだった。私は「まったくそのとおりだ」と自分の少年時代を振り返って共感した。

しかし、私たち専門家は家族みんなで仕事をするような生き方を「遅れた経営」だとし、「近代化」を進めてきたのではなかったのか。それは決して専門家だけの責任ではないことは断っておくが、近代化がまだまだ推進されている日本農政下にあって、気にとめておかなければならないことであろう。それではどうしたらいいのだろか。

大規模経営であっても、最後の一畝だけは家族みんなで手植えして田植えを終わる農家がいる。トラクターで田畑を耕すときでも、風の音を聞き、鳥の姿を目にとめ、鋤かれていく草を見送り、エンジンの音を自分の鼓動のように聞く農家がいる。大規模経営だからこそ、失ってはいけない世界を意識的に守ろうとしている、というべきだろう。

ここには百姓仕事だけでなく、農家の人生の最大の根拠地が顔を出している。その理由を農家に尋ねてみるといい。たぶん、「手作業の方が作物がよく育つ」とか、「田畑一枚一枚の個性がわかる」とか、「先祖の技能を引き継ぎたいから」という答えが返ってくるだろう。これは、仕事や暮らしには近代的な評価の「尺度」ではないものがあることを証明していると、それなのに既成の学はそれに対応できていないと考えてはどうか。

そこで、時代は2300年前に遡ってみる。農家の生き甲斐を正面からとりあげた思想家がいたのである。荘子が書いた『荘子』外篇から引用する。

一人の百姓が井戸に下りては甕《かめ》に水を汲んで、畑に水をやっている。それを見ていた孔子の弟子が声をかける。「はねつるべを使えば、100倍も効率が上がりますよ」。百姓は「そういう機械を使うと“機心”(機械に頼る心)が生じる。機心が生じると作物の気持ちがわからなくなるから使わないのだ」と答える。孔子の弟子は返す言葉もなかった。

「はねつるべ」など現代ではもう見ることもなくなった。到底機械とはいえない代物だが、それでも荘子は百姓仕事の核心を言い当てている。現代でも通用する問いは「機心が生じると、なぜ作物の気持ちがわからなくなるか」である。機心とは人間の欲望だと言い換えてみるといい。機械を使う前は湧かなかった欲望である。この欲望は作物のためではなく、人間のためだけに生じてきたものだ。つまり作物と人間の関係が直結しなくなる。そうすると人間の気持ちが優先されるようになるのだ。

この機心に対抗するものこそ、百姓仕事の豊かな核心であろう。言葉を変えれば、農家の「感性・情愛・勘・経験・思い・生き甲斐・矜持」などである。この従来の農学では本格的にとりあげられることがなかった世界を、切り開いていくのが私たちの「学」なのだ。(宇根 豊)

■農家のどこに注目するか

仕事をしている農家のどこに着眼すれば仕事の要点がつかめるか 08

農家の仕事に出会って、教科書に書かれているような農業と実際の農家の仕事のギャップにとまどうかもしれない。そこで、ここでは初めて協働者として農家に接するときに、農家の仕事のどこを着眼すれば、理解できるのかの手ほどきとしたい。

農家の仕事の性質　まず、農家の仕事の段取りは、農作業前の準備から始まり、圃場準備、種まきや定植、栽培管理などを行って農産物を収穫し、出荷するまでの工程を経てやっと収入が得られる。つまり市況相場によって経営上の有利不利を判断してから生産に入ることは不可能で、比較的長い期間のサイクルを通しての経営判断が行われている。これは第三者的にみれば年中行事的に農畜産物を生産しているようにみえるかもしれないが、一連の生産の流れがスムーズにできて、初めて農家の生活に溶け込んで経営として定着するので、長い目でみる必要がある。

そして、農家の仕事は地域の気象、土地、生産組織、施設装備、労力、家族の意思などさまざまな自然条件、社会的条件などの制約がある。このことは、農家の仕事もその地域の自然的・社会的要素の一部となっていると考えた方がよいかもしれない。もちろん農家自身の意思はあるが、自然条件などに逆らってもなかなかうまくいかないことが多く、ほとんどの場合農家自身もそのことを理解している。

農家の仕事の着眼点　さきほど述べたように農業は様々な要素で構成されている。工業のようには単純化できない。したがって、農家と農家をとりまく様々な環境的要素を第三者的に観察することがよいと思われる。

観察のポイントは、生産現場、農家自身の様子と意思、労力の構成者、農家の生活などである。生産現場でみるべきポイントは多い。作物の生育はもちろんであるが、それ以外の栽培の要素についても注目する必要がある。それらを列挙すると、①温度条件、②用水（地下水、雨水、水道水など。特に養液栽培では水は重要な要素である）、③日照条件、および④土壌、または人工的栽培システム（養液栽培システムなど）などである。これは、作物を栽培するために必要な温度、水、光、酸素、環境や栄養条件など重要なものを考えるとよい。

農家自身の様子の見方　これは、農家の健康状態、家族の状況、仕事に要する時間、および農家自身の意思（経営の目的など）であるが、最初から立ち入ったことを聞くのはなかなか難しいので、信頼が得られてからがよい。それ以外の要素もできる限り情報を収集する。

そして、客観的要素と農家の主観的意思を整理し、自分が農家だったらどのように仕事をするのか一人称的に想像してみる。そこで想像ができないことは、農家に補足して聞くとよい。第三者的な立場に立って情報収集して、一人称的に農家の気持ちになることを繰り返すことで、農業の仕事の表層に表れていることもおおむね理解できる。第三者的な要素については、GAPのように一連の流れをチェックシートで文書化し整理してみるとよい。

農家の経験や暗黙知に基づく仕事　これらは農家自身も意識していないことが多く、言葉のやりとりでは分からないことが多い。しかし、これらは農家の仕事できわめて重要な要素である。普段農家と接していると農家と作物は見えない糸でつながっているように思われることがある。この存在を察知し、理解することは難しいが、事情が許すのであれば、自分でも小規模に栽培の実践をして経験してみるとよい。それによって、農家と経験や暗黙知の交換が可能になり、より深い部分が理解できると思われる。なぜ、このような言葉に表せない要素が農家の仕事で重要かというと、頭の中で考えていることだけでなく、身体で感じている様々な感覚に基づく情報を総合化して農業の作業や判断が行われるからである。また、農家の仕事は手間仕事といわれるが、それを段取りよくこなすための技能も経験知や暗黙知に基づくことが多く、こうした点も着眼しないと農家の仕事の本質を理解することは難しい。（藤代岳雄）

■農家のどこに注目するか

農家のどこに着眼すれば暮らしの要点がつかめるか

09

農業生産の大半を占める農業者の経営は、家族経営が中心で運営されている。家族農業経営では、農業経営と農家生活は一体化していることが大きな特徴である。農家の暮らしは生産との重複部分をもつために、生産との調和をとることが必要であり、調和がうまく保たれると農家独特の質の高い暮らしが営まれ、調和が崩れると競合が起こり生産優先となる傾向が生まれる。

家族経営で支える農業経営だから大切な農家生活の視点　農業経営体では経営効率だけに支配されず、生活と生産を総合的にみる視点が必要である。また、地域視点でみると農業は地域密着型の産業であるため、農村地域内で生活する住民の理解や相互協力が不可欠であり、地域資源の活用や住民が連携して周辺環境の整備等に取り組むことで安定した営農と快適な暮らしが継続できるという特徴がある。

農業経営の発展と農村地域の活性化を図るためには、家族農業経営の特徴と農業が営まれている農村の特徴を同時に理解することが重要である。以下の視点と実施のあり方に注意するとよい。

営農生活設計の視点　農業経営は法人化経営でも多くは家族が中心で営まれている。また農業経営は、仕事としての自律性が高く、自己裁量で経営の内容を決定することが可能であることから、作付面積や品目の選定、労働力等を考慮し、経営体の発展に向けて営農生活設計や所得も含めて家族で話し合い、「営農・生活目標」を明確にすることが重要である。

農家の「生活経営」は生産と生活が不離一体であり、相互に結びつき影響し合っている。そこで、農業経営を健全に維持・発展させるには、農家生活の充実を同時に図ることがポイントとなる。経営目標の実現に向けて家族全員の主体性や役割を発揮した農業経営の確立を図る。

このさいに「どんな暮らしや農業経営をしたいのか」が基本となり、営農と生活のバランスを考えた暮らしのために目標設定を描いて、実践し、暮らしのための農業経営であることを家族で共有、農業経営を組み立てる必要がある。

パートナーとの関係　農家は多世代家族中心であるため、個人の独立性が弱く、家長の決定権が強い傾向にある。夫婦が対等なパートナーとして認め合って、責任分担し、後継者も共同経営者であるという認識をもつと、総合力が一層発揮できる。また経営発展には女性農業者や農業後継者の主体的な経営参画は欠かせない。

具体的には、農家は財布が1つになりがちであるが「労働に見合った労働報酬として収益の分配方法を考えること」、「労働報酬が払える農業経営をめざして、家族全員が経営の目標をもち共有化すること」、「女性農業者が共同経営者としての経営上の役割を明確にし、パートナーシップ型農業経営の実現を図ること」などが重要である。

労働環境や就業条件に注目　家族農業経営においては、健康管理、労働管理、作業環境や条件などについて各農業経営体の自由裁量に委ねられている。経営が必ずしも右肩上がりではない経営環境の中で、自己責任の面もあるが、暮らしや農業のデザインを考え、1年間を通して農繁期や農閑期などの働き方や圃場状況、調製作業の効率化も考慮し、健康を考えた働き方を検討しなければならない。

労働環境を見直し、労働時間の計画化や休日の確保、農業労働の負担軽減、農作業の安全対策、整理整頓による快適な作業環境の形成を進めるなど、就業条件の整備を図り、労働力不足に対応し家族経営体以外の雇用従事者に対する就業条件の明確化を推進する必要がある。このとき有効なのがGAPの視点である。また、就業条件のなかでは、家族経営協定を結び、役割分担や休日・給料、後継者への経営移譲の時期や方法を明確化することでやりがいが生まれる。(佐藤美智子)

■農家のどこに注目するか

農家の自立性や自発性はどういうところに現れてくるか

10

前近代（江戸時代）には、村の自立が重要であって、個々の農家の自立はたいした問題ではなかった。村は自治が貫かれ、村の共同体が生きる強固な基盤として息づいていた。したがって、中国の鼓腹撃壌歌そのものの世界があったと考えていい。

「日出でて作り、日入りて息う。井を鑿ちて飲み、田を耕して食らふ。帝力何ぞ我に有らんや。」（『十八史略』）

つまり、国家の権力を感じさせないような村の暮らしが確保されていたという解釈が成り立つ。しかし百姓一揆ともなれば、参加は強制され、指導者は打ち首を覚悟しなければならなかった。百姓一揆での百姓の言い分が通ったのは、江戸時代を通して八割を超えていたことも、村の自立の強さを物語っている。

ところが現代では、村の自治は行政に取りあげられ、荒れ地が増えるのを止める力もない。農地は個人の所有であり、村の一部ではなくなろうとしている。天地自然からも切り離されようとしている。

このように近代は個人の自立や確立が大きな目標となり、村の共同体や天地有情の共同体（生きもの同士の関係のネットワーク）と対立するようになった。したがって、「自立」とは「何々からの自立」というかたちをとるとすれば、共同体からの「自立」はほぼ達成されたといっていい。

しかし、この地域の共同体との新しい関係、天地有情の共同体との新しい関係をつくらないと、現代の「自立」や「自発」は宙に舞うしかない。これは現代の農家にとっての最大の難題である。

つまり「農業は過保護である」という非難は、農家には自立性や自発性がないからだという意味が含まれていたが、これは上の2つの共同体との関係を無視した近代的な意見である。つまり農家に「自立性」や「自発性」

を求めるのは、「個」として資本主義社会を生き抜くのが本来の姿であるという前提で立論されているからだ。

農業とはそもそも村や天地自然から自立するものではない。自発も村と天地有情の共同体を無視して出てくるわけではない。むしろ問うべきは、そこからの自立をよいこととする精神が、逆に国家や市場への従属を推進したことではないか。農家は国の農政の影響をもろに受けることとなった。市場経済の一部に組み込まれてしまった。

それでは、これからの「自立」と「自発」をどのように考えていけばいいのだろうか。じつはそれは案外と簡単なのである。その根拠は「自給」にある。断っておくが、この場合の「自給」は食料自給率とは関係がないばかりか、対極にある。むしろ消費者の料理の自給の方がちかい。

野菜農家が飯米用のために狭い田んぼを耕作しているとしよう。コストから考えれば、米は購入した方がはるかに安い。あるいは、その田んぼは小作に出して、とれた米を小作料としてもらう方が経済的だ。

しかし、購入したり、小作に出すと、この農家は何を失うだろうか。単に「米の自給を失う」のではない。食卓で今年の稲の出来を話題にする自給はもちろんのこと、爺ちゃんの田まわり仕事の自給、子どもが田んぼで遊ぶ自給、田んぼの生きものの自給、田んぼの畦で眺める風景の自給、自分の田んぼが村の一部だと実感する自給……。こうやって数え上げると切りがない。こうしたものを失うなら「自立」は不可能になり、「自発」は根拠地を失う。

EU諸国では農家所得の60～80％は、デ・カップリングという政策で、税金から支払われている。では、EUの農家は自立していないというべきだろうか。そんなことはない。これは農業の生産物に対する市場での対価ではなく、経済価値にならないが、豊かな天地自然や風景や生物多様性を農業が生み出していることへの対価（支払い）である。農という営みや、自然や風景の自給に対して、みんなが価値を見出しているからこそ実現できた政策であろう。

むしろ現代社会では、「自立」や「自発」は、資本主義経済と結びつかない世界で花開くものなのである。（宇根 豊）

Box 01

農業を内から見る、外から見る

農家が草とりをしていた。それをしばらく観察していたあなたは声をかける。「単純作業の連続ですね」。農家は顔を上げて「たしかに、外から見ていると、そう見えるかもしれないな。でもね、私はどういう気持ちで仕事をしていたと思う？」と返した。あなたは、「気持ちを考えるよりも、その単純作業は機械化できるのじゃないかなと思ったんです」と、誠実な答えを返す。

「つまり私の仕事をひとつひとつの作業に分解して、技術として再構成すれば、機械化できる、と言うんだね」。「そうです。そうすれば仕事は楽になるのではないでしょうか」とあなたは自信をもって答えた。すると農家は「楽になるというのは、労働の強度を指していっているようだが、気持ちの問題も含まれているのではないかな。私は、草と話をしながら草取りしていたんだよ。それが草とりの最大の楽しみというものなんだよ」。

あなたは、それでもまだ釈然としないかもしれない。どう見ても農家の意見は主観的で、合理的ではなく、普遍性がないように思えるからだ。しかし人間というものは合理的に生きているのではない。効率が悪くても、コストがかかっても、「そうしたいからする」ことも少なくない。

当事者は何かをしているときには、内からのまなざしで見て感じている。客観的に、外からのまなざしで見ることはできない。第三者はほとんどが外から冷静に分析的な目で見る。なぜなら、内から見ることができないからだ。

だからこそ、農家に寄り添って助言をする専門家は、この2つのまなざしを組み合わせ、融合させる能力を身につけておきたい。そのために最も効果的な方法は、農家が語る言葉のどこが内からのまなざしであるかに、気づくようになってほしい。(宇根 豊)

Box 02

農家力を身につける

「農家力」は私の造語である。自分の実家はもちろん、親せきや縁者に農業を営む人がいて、「農家の暮らしを知っている」、「農作業をしたことがある」など、その人がすでに農業の実体験などから備えている経験知や農家知識を「農家力」と呼んでいる。

最近の新規採用普及指導員は必ずしも農家出身というわけではない。そうした普及指導員が最初に悩むのが「自分は農家のことがよく分からない」ということである。直接農業者へ接し、指導にあたる普及指導員としては、これほど自己矛盾を感じることはないだろう。ところが、ある程度の農家力をもった普及指導員は、そうでない普及指導員に比較して担当農家との間に早く人間関係を築くことができる。

農家力をほとんどもたない普及指導員（普及指導員だけでなく営農指導員やその他の協働者も）が農家力を身につけるにはどうすればよいのか。現地で活動するにあたっては、まずは自分が担当する技術や地域の情報を収集整理することである。情報は自分で調べる情報と農家から得られる情報があるが、特に担当する作目の基本技術については、日頃から知識としてよく学ぶとともに、担当する農家に積極的に足を運び、実物をよく見聞し、自ら経験しようとする意識が重要である。そして、農家力を高めるための活動であれば、自身の担当項目に限る必要はない。その地域で行われているすべての農業が普及指導員の農家力を高めるためには有効であり、どんな経営からも自身の農家力を高める情報や経験知を得ることができる。

これには先輩普及指導員とのセット活動が効率的であり、圃場調査や圃場巡回など営農の実際を学ぶ機会への積極的な同行が望ましい。やがて担当地域や担当農家の抱える課題解決に向けた活動にあたり、活動手段の選択や活動手順の組み立てなどに生かされ、農家や関係機関と対等に協議・提案できる普及指導員としての実力として地域の課題解決に向けた活動につながっていくのである。（渡部和彦）

■農家とどう向き合うか

農家と一緒に仕事をしようとするとき、信頼されるカギは何か

11

農業者と協働しようと考える場合、現場で農業者とどのようにして人間関係を構築し信頼を得ていくかが活動のカギになると思われる。以下では、普及指導員の活動を例に考えてみたい。

まず、『普及指導員のための道具箱』に書かれている文章を引用する。

「農業者の期待にどう応えるか～まずは信頼関係をつくろう～　プロ農業者の求めるものは個々により千差万別である。その傾向は独自販売など生産から販売までを一貫して行う企業経営志向農業者に多い。技術、経営とも守秘義務を伴うことも多くなっている。お互いに自由に話し合える人間関係を構築するとともに親身、誠実さをもって相談にあたる必要がある。」

信頼される人間関係の構築は心がけ次第　現場での活動は「農業者」すなわち「人」を相手にするため、こちらの姿勢や態度、思いが信頼関係を築くための基本となる。こちらからの一方通行的な働きかけではなく、「人」と「人」の関係である以上、まずは自分のことを知ってもらう努力をすること。対象とする農業者に対し親身に会って目線を同じくし、話す機会をなるべく多くもつこと、そしてその中で対象の農業者の農業経営の状況や暮らしの実態把握を進め、時間や手間を惜しまずに、農業者の考えを引き出し理解することが重要である。

協働者の立場からは、農業者の意志を尊重し、農業者に寄り添う誠実な態度で様々な相談ができるよう心がけたい。

信頼関係に裏付けされる現場活動　普及指導活動の実践により、農業者に信頼される普及指導員は育っていく。最初から農業者に信じられるわけではない。

農家は生産者であり経営者であるため、経営への影響をまず考える。こ

のとき、現場に即した説得力のある提案ができることが必要である。

「地域全体に広がる技術は何か」を実態把握の中から考え、具体的には実証試験などを通して動機づけや演示を進め、理解を図ることが重要である。

信頼関係がつなぐ課題解決への道　人間関係の構築は、農家に寄り添い相手の立場を慮《おもんぱか》るなどの立ち位置や熱心さがポイントとなる。農業者とともに協力して活動していく過程や活動を進めることで、農業者の意識や考え方が理解でき、また把握できるようになる。

農業者の実態から農業者が自ら問題点や課題を見つけ、将来のビジョンがもてるよう考え方を共有し、農業者と協働者が互いに共通認識をもって課題解決にあたる。このような活動を通し、その過程の中でより深い信頼関係が築けるように働きかける。

普及指導活動の原点は現場にある。したがって、地域の情報を知ることが、農業者との良好なコミュニケーションにつながる。現場に出て、農業者を理解しようと努力することで読み取る力、観察して察する力がつき、農業者の思いを受け止められるようになる。農業普及の経験からいうと、現場で「意識的に見る」ことを習慣にするのが重要であり、それが信頼関係の土台になるといえる。

広辞苑で調べると、「信頼とは信じて頼ること」となっている。活動の積み重ねが農家に信頼を得るための道筋であり、協働者としての活動に早道はないと肝に命じて普及指導活動にあたるべきである。（佐藤美智子）

■農家とどう向き合うか

農村の構成員間の考え方の違いを知り、課題設定に反映させるには

12

農業者の動態を把握する視点として、①実態（農家や地域の条件とその特徴）、②認知（知識、姿勢）、③要望（要求の内容）、④活動（活動の状況）、⑤障害（阻害要因の分析）、⑥展開（課題や問題解決の対応）の6つがある[6]。また、実態を把握する方法として、①農家訪問、②地域の農家・リーダーからの聞き取り、③集会等の場の活用、④アンケートなどの調査、⑤関係機関からの聞き取り、⑥記録カードや先輩からの聞き取りなどがある[7]。

筆者の普及指導員時代を振り返ると農家との協働においては、農家を知ることが原点であり、これまでの地域や集落の取組みを把握するとともに、個々の農家の考え方や要求を整理し、それらを地域の課題としてまとめていくことが重要となる。そのために、以下のように複数の有効な方法があり、これらを適切に使い分けるとよい。

密着した現場活動と観察力　問題の発見は、2、3人の特定の農業者の意見や関係機関から聞いた印象で結論を出してしまうと本来の課題を見つけることは難しい。日頃から現場に出向き、農業者と密着した活動を行う中で真の問題を発見することができる。

例えば、集落営農に取り組むのが難しいといわれていた集落に入って個々の農業者の声を聞くと、「集落営農とは機械の共同利用」と思い込んでいる人が多く、新しい機械を持っている大半の農家が反対していることが分かった。そこでまず、「集落営農とはみんなが安心して末永く暮らしていける農業・農村を考えること」とみんなの意識の切り替えに働きかけることから始めた。するとこの集落では大規模農家も二種兼業農家も一緒になって集落の農業について考えるようになり、新たな集落営農組織が生まれることとなった。

このように、集落にはそれぞれの集落の課題があり、個々の農業者にも

それぞれの考え方がある。まず、集落の構成員である農業者の心理をしっかりと観察し、個々の動きを見つめ、本来の目標に向かって歩めるように支援できる協働者としての知識と経験を高めることが重要である。

調査による問題発見　農家や地域を巡回して観察し、座談会などで聞き取るだけではみえない問題も多い。この客観視されにくい問題をアンケート調査などでより正確なものにしていくことが重要である。特に地域の課題はできるだけ多くの人の意向を聞き出すなど、調査対象と調査手法に考慮し、効率的な調査を行う必要がある。

例えば集落内の20歳以上全員を対象に「これからの農業」についてのアンケートを行うと、「縮小・離農」は60歳代以上では30％であったが、40～50歳代では50％であった。つまり、これから農業をしなければいけない若い人の半数が縮小や離農を考えていた。そして、この調査結果をまとめた集落の役員らが多くの衝撃と危機感をもち、集落自らがこれからの農業を考えるようになった。

このように、これまでみえなかった部分を具体的かつ戦略的に調査することにより、地域や集落構成員共通の課題が見つけられるとともに、地域を自ら動かす手段としても活用できるようになる。

本音を聞き出す座談会の開催　ただ漠然と集まってもらい座談会を開くのではなく、ねらいを明確にし、出席者が主体性をもつとともに、新たな発見と学びがある座談会が求められる。特に自由に発言でき、あるべき姿や目標を共有できる座談会の開催が重要である。

例えば、先の意向調査では若者の50％が「縮小・離農」と答えたが、若者ばかりの座談会を開き、本音を聞き出すと大半の若者が「本当は親の跡を継ぎたいと思っている」と答えた。また、今後の方向として営農組織の結成を必要としていることが分かった。

このように、目的に応じた座談会を開き、意向調査では聞こえない本当の声を聞き出すことが重要である。（森本秀樹）

■農家とどう向き合うか

個別経営の課題が地域の課題とならない場合、どう考えどう対処するか 13

農業とは農地を活用して経営するものであるため、地域との関わりを切り離すことはできない。しかしながら、個別経営と地域の双方の課題に必ずしも一致した方向性があると感じられない場合もあるかもしれない。また、個別経営の課題のようにみえて、実は地域で共通に課題解決する必要がある場合もあるだろう。個別経営の発展なくして、地域の発展はない、とも考えられるのである。

こうした隘路に直面したとき、私の場合、実際に共通項目がないかをまず実態把握し整理する必要があると考えて実行してきた。

地域の課題とは 普及指導機関が策定する指導計画を例にあげてみよう。産地育成の課題や集落営農課題、青年農業者や女性農業者の育成課題など多岐に取り組んでいるのだが、そこで取り上げられる課題のほとんどは地域課題であるといってよい。

産地育成の課題の場合、そこでは生産部会などの組織が計画の対象となるため、まず当該産地の生産や販売に関する実態や現状を数値から整理する。次にその組織の構成員や経営内容の状況、組織に属さない周辺の経営体についても把握し産地を担う担い手の整理を進め、今後指導を行う対象経営層や課題を明確にする。

個々の対象経営体についても生産面や経営面などの現状を把握することにもなるから、結局、組織全体の把握にとどまらず、組織を構成する農家の個票まで整理してはじめて、詳細な産地の実態が明らかにできる。

このように、産地課題であっても、個別経営体の課題解決を図るべき部分と産地の成り立ちを知ったうえで組織的に課題解決を図るべきところがあり、地域課題としてとらえてはじめて問題点や改善点などを明確化し、チームで具体的に普及指導活動を進めることが可能となるのである。そして、実際の活動においては、個別経営の課題と地域の課題の関連を的確に認識し、相互補完的な課題として認識していくことが重要なのである。

個別経営の課題とは　個別経営に特化した普及指導計画課題を例にあげてみよう。例えば経営や技術を中心の課題とする場合には、アンケートや座談会、面談などを通して対象とする経営の共通要素を見つけることから始める。

こうして個別経営の共通要素を拾い上げて整理していくと、一見、個別の問題にみえていたものが個別の問題ではなかったということもある。視点を変えれば共通性がみえてくるからである。その結果、地域の問題としてとらえることで、狭いよしずの穴からみるのではなく、枠を広げて大きくみることができ、共通性が分かり後継者問題や地域の維持につながる部分もみえてくる。

個別の課題と地域の課題は、どちらを先に解決すべきか、という考え方よりも、将来地域にとって必要なことは何かを問い、モデルケースになりうる事例かを考え、農業者に情報提供していくことが重要なのである。

普及指導活動の原点　普及指導活動を進めるにあたって最も大事なことは、現状把握である。問題点から改善すべき事項を考え、将来の方向性をしっかりと見定め、課題解決を図ることである。(佐藤美智子)

Box 03

「対立解消」の手法

なぜ「対立解消」が必要か　社会は、多くの人が関係し合いながら運営されている。農村においては、同じ生活の場に住みながら、共同利用の資源や施設を管理することが多い。そのような資源や施設の管理をめぐって、人の利害や考えがぶつかり合い、対立がよく生じる。交渉や第三者による調停・仲裁があっても、両者は自分にとって有利な合意を「勝ち取ること」を目的とする。こうした問題に対する意識を変えて、対立を解消するために開発された手法は、「対立解消（conflict resolution）」[8)]とよばれる。

対立解消の方法　対立解消の基本的な姿勢は、互いに対立する相手を「敵」ではなく、対立を共有する「パートナー」としてみることである。対立は、関係しあう人の立場や要求の違いから生じるが、その違いに、双方がともに発展できる可能性が潜んでいるとみる。

対立には7つの要因（利害、ニーズと目的、ものの見方、力、価値基準、感情、内部矛盾）があり、解消までに以下のような段階がある。

①環境づくり：中立的な場所と時、対立の性格に適した切り口。

②当事者の見方を明確にする：対立が一時的か長期的かを明確にし、基本的な要因の重要性と解決可能性を評価・整理し、各当事者の自意識（自分が対立をどうみるか）と他意識（相手が対立をどうみるかと予想する）を明確にする。

③各当事者の個別ニーズと共通ニーズを明確にする。

④肯定的な協働力を養成する：相手を否定せず、抑制や強制もせず、双方が共通目標のために効果的に協働できる力を養成する。

⑥解消方法提案：共通ニーズに応え得る選択肢を複数作成。

⑦双方が得する行動変革協定に合意する：共通ニーズに応え、どちらの中核的な個別ニーズも犠牲にならず、将来の協働の発展に貢献できる行動計画協定に合意する。（ジョン・コールドウェル）

Box 04

農家と一緒に一服する、食事をする

普及指導員は農業者の行動変化を誘い促すことが使命であり、最初は普及指導員の勧めに従ったものであっても、やがて農業者自らの主体的行動として、継続・定着し、ステップアップしていくことが望まれる。農家が普及指導員の勧めに従って何かにチャレンジするには、その普及指導員との間には人間関係ができており、一定以上の信頼関係があることが前提となる。

普及指導員が担当する農家を訪問するさいには、農家が一服する時間帯、休憩時間や昼食後を見計らって訪問することが多い。これは農家の仕事のリズムを大切に考え、相手への気遣いとして、共有できる時間を大切に考えるからである。このような農作業合間の一服する時間帯は、農家も心身のリズムを整えており、リラックスした雰囲気の中で有意義な会話となる。

また、やがては「昼飯を食べながら話をしよう」と食事に誘われるようなこともあるようになり、より長く会話ができるようになる。一緒の食事となると、担当普及指導員への信頼もすでに生まれていて、普及指導活動上の話のほか、個人的なことまで親しく話すことも多い。このように一服の時間や食事などの機会はお互いをよく知り合う意味ではとても有効なので、できるだけ機会をもつことが大切なのである。

また、お酒についてだが、お酒は人の心を解きほぐして、人柄が出やすくなるし、本音で語り合う雰囲気が生まれて、人間関係が大きく進むのに効果的なことがある。しかし、あくまでも酒飲みの男社会コミュニケーションとしての性格が強いということは認識しておかなければならない。

いずれの機会においても注意が必要なのは「親しき仲にも礼儀あり」ということで、いかに親しくなろうとも立場をわきまえた振る舞いを忘れてはいけない。友人でもあるかのように振る舞ったり、自分の主張ばかりを話したり、慣れ合うような雰囲気は、決して農家が普及指導員に望むところではないのである。(渡部和彦)

■協働の実践1

課題の発見と整理の絞り込みにはどんな方法があるか

14

課題発見の方法　新任協働者が対象地域に新たに参入するとき、地域の特徴、農家と主要制約の分布を把握する必要がある。そのために地域踏査が有効な方法である。農協等と協議して生産部会の農家リストと旧町村等の地区を示す地図を入手する。農協と主要部会の役員数名のキーインフォーマント（核となる情報提供者）と各地区を踏査し、圃場を見ながら農業生産と販売の実態について話し合い、記録する。各地区の特徴、当事者、主要制約を表1のようにまとめ、課題検討会に使う。

実施対策を絞り込む方法　そのあと、地区ごとに各部会の生産物の販売総額を基準に課題の重要性を評価し、優先的な制約条件とその原因、および対策への要望や提案を部会当事者と検討する。流通に関する課題が重要な場合、流通関係者も検討会に招くとよい。

実施対策の選定にあたって、どの課題のどの対策に優先的に取り組むかを決めるためには、参加者の考えや要望の集約に役立つ4つの手法[9) 10)]がある。対策の優先評価を表にまとめて白板等に記録するとき、評価点数の理由について聞いて表の最下行に入れるとよい。

①順位法（ranking）：原因または対策のリストを提示し、各参加者が各選択肢に1（最も重要、最も望ましいなど）から5まで、順番を付ける。最も実施しやすい方法である。

②点数方式（scoring）：参加者が各選択肢に10（最高）から1（最低）の点数を付ける。より細かく選択肢の優劣を表せる。

③総数配分方式（weighting）：参加者が選択肢の数に応じた総数を選択肢に配分する。選択肢の数が4～6の場合、総数は50になるのが望ましい。選択肢の差異が最も細かく表される。

④一対比較法（paired comparison）：選択肢のリストを横と縦に並べ、各行

の選択肢を各列の選択肢と比べて、どちらがより重要か、望ましいかなどを参加者の総意で決めてもらう。最後に、各列が何回優位だったか、回数を集計して順番が決まる。（ジョン・コールドウェル）

表1　地区の多様性、当事者、および制約課題の分布の一例（仮想）

地区 特徴と部会	地区イ	地区ロ	地区ハ	地区ニ
自然と経済環境				
自然と資源の特徴	平地、灌漑水田	平地、灌漑水田	丘陵地、畑地	山間部、牧草地
農協、市街地への距離	近い	近い	中程度	最も遠い
農家数（役員人数）、主要制約				
稲部会	25（1） 病気	35（2） 病気	18（1） 土壌・水	7（0） 土壌・水
野菜部会	3 害虫・病気・労働力	5 病気	12（1） 土壌・病気	5 傾斜地・土壌・冷害
肉牛部会	3 労働力	2 労働力	12（1） 飼料	15（2） 飼料

表2　当事者の考えや要望を集約する3方式の比較例（仮想）

方式	選択肢（原因、対策など）				
	A	B	C	D	E
ランク付け	4	2	1	3	5
点数	3	6	9	7	2
総数分配	3	12	24	10	1
理由	（記入）	（記入）	（記入）	（記入）	（記入）

表3　一対比較法の一例（仮想）

選択肢	選択肢（原因、対策など）				
	A	B	C	D	E
A		B	C	D	A
B	B		C	B	B
C	C	C		C	C
D	D	B	C		D
E	A	B	C	D	
列の優位回数合計	1	3	4	2	0

■協働の実践1

農家試験（On-farm trial）とは何か、日本でどのように応用できるか

15

日本では、公的農業試験制度が100年以上の歴史と実績をもつ。試験場が技術を開発して普及に渡した後、普及が実施する展示圃で農家に知ってもらって受容されていく技術移転の過程が確立されている（Ⅲ-Box 05）。しかし、筆者が2019年10月に2県の研究センターを訪ねたとき、農家が試験研究に関わる例を知った。3年間の研究においては、「未完成」な技術を2年目に「農家レベルに落とし」、試してもらう。その結果、研究所では思いつかなかったフィードバックやアイデアが得られ、農家に使える技術ができる。「農家がプロ、農家が技術を育てる」と言われた。

また、1981年に筆者が米国バージニア州立工科大学の新任准教授として応用研究と普及を担当として南西バージニアで働いたとき、そこの普及員に、大学から来る新技術を農家が使えるようにするためには、農家と一緒に工夫する必要がある、と言われた。こうした「工夫」も一種の農家試験であり、Ⅱ-04でいう「チューニング」と似ている。

上述のような取組みを定式化したのが、農家試験（On-farm trial）である。発祥の一つは、フィリピンにあるIRRI（国際稲研究所）である。IRRIが開発した稲作新技術を様々な条件をもつ農家圃場に持って行ったとき、農家が戸惑い、試験場のようには実施できず、農家圃場で工夫を加えて技術が変容したところから農家試験法が始まった。そして、1980年代にファーミングシステム研究・普及（FSRE）という研究と普及が協働する総合的手法が体系化された[11)]。

FSREにおける農家試験は、試験場技術の「受容」（adoption）を目的とする「技術移転」から、試験場の「原型」を農家が「適正化」（adaptation）することを促進支援して普及効果を高めることを目的とした。農家の関わり方を基準に2つの段階に分けて実施した。

研究者主導の農家試験（Researcher-Managed Trial）：農家と一緒に現状分析して選定した課題の解決に向けて、農家圃場で研究者が設計する試験である。導入する技術以外の農法を対象地域平均の農家慣行で実施する。2～3年間、複数の農家圃場で実施し、農家の評価や発案に基づいて試験技術を適正化していく。「実証試験」（Ⅲ-Box 05）と似ているといえる。

農家主導の農家試験（Farmer-managed Trial）：研究者主導の農家試験で実績がある技術を複数の農家の慣行技術と比較する。各農家の平均収量を、栽培と経営の諸条件を総合的に示す「環境指数」（environmental index）として扱い、回帰分析で新技術と慣行技術の差が地域全体にみられるかを検証する。条件有利な農家にだけ新技術が優位な場合、栽培条件と経営条件の要因を解明し、地域内の技術普及の指針とする。

1990年代に、農家自身によるイノベーションに着目し、促進支援するように農家試験法が発展していった。インドネシアで開発され、世界的に広まったFFS（Farmers Field School、ファーマーズフィールドスクール＝農家現場学校）が有名である。農家グループが在来農法区と総合防除区で害虫や天敵を観察記録して比較し、総合防除技術を組み立てて体系化する方法である。

もう一つの発展形態は、南米で開発された地方農業研究委員会（CIAL, Comité de Investigatión Agricola Local）方式である。公的研究と普及機関または非政府系支援組織が地方研究委員会の設立を促進し、委員会が取り組みたい課題に関する情報を提供し、農家が実施できる農家試験法を教える。基礎食糧作物から始まり、野菜、果樹、畜産を対象に営農の多様化を図り、土壌肥沃度、水管理、病害虫管理等にも取り組む。流通に向けた加工や販売組織設立に発展していくこともある。委員会の成果は、毎年、村落共同体の集会と地域レベルの集会で報告する[12)]。南米だけではなく、ラオスにも導入された。

日本では、最近、実践共同体（Community of Practice）という総称で、草の根の研究・普及・販売の協働例が各地で見られることが明らかになってきた[13)]。また、毎年の普及活動研究大会の優良事例の報告にチーム方式の例が多い。様々なかたちで、CIALや実践共同体と類似する草の根の試験的協働が有効に働けるものと期待できる。（ジョン・コールドウェル）

Box 05

試作圃、実証圃、展示圃

普及指導活動方法として、普及指導員が農家と共に実施する「試作圃」、「実証圃」、および「展示圃」がある。「試作圃」は地域外技術を試作評価するために、「実証圃」は完成に近い試験場技術の普及性を確認するために、「展示圃」は完成したと考えられる技術を農家に受け入れてもらうために行う。JAの営農指導員や他の協働者も農家圃場で技術を試験するためには、この3種の試験圃場を応用できる。

試作圃は、先進地から技術を導入するさい、試作する作物や栽培技術の実例が担当地域になく、その技術を進める普及指導員や関係機関も未経験の場合に、技術のポイント、生育中のきめ細かな圃場確認、担当農家との密接な協働が重要となる。普及指導員が農家リーダーや他の協働者と一緒に先進地を訪ねて実際に確認して試験設計するとよい。

実証圃は農家や農家集団が自ら開発・工夫した技術または試験研究機関等が開発した技術の普及性を検証するために、農家の農法と比較して、技術上の課題の発見が狙いであり、農家の観察と評価が重要である。

展示圃は、試験研究の成果や先進地で実績がある技術を農家の圃場で栽培し、周辺農家に具体的に見せていく場となる。展示圃を受け持つ農家自身もその技術に関心を持ち、他の農家に「見せる」とともに「説明」できることが望ましい。展示圃は在来技術と比較し、その差異を見せることが目的なので、同一圃場内もしくは隣接する圃場に「慣行区」を設置し、それぞれの区でとる生育データや経過写真、見学者が持ち帰れる資料などを示した掲示板を備えるとよい。重要な生育上の違いが見られる時期には、現地検討会を開催し、学習効果を狙う。周辺農家や他の協働者にも働きかけ、参加してもらえるとよい。

栽培終了後には、展示した技術を見た農家の関心度や評価を調査することが望ましい。地域や集団の意思決定を促す効果が高いので、地域ごとに設置して検討会を設け、周辺農家や他の協働者の反応や意向も調査することが必要なのである。(渡部和彦、ジョン・コールドウェル)

Box 06

日本の経験に学ぶ――総合研究と営農試験

国際的に「協働」の取組み方を提唱するAKISの源流の一つが、1970年代後半～1990年代に開発され、実証されたファーミングシステム研究・普及(FSRE)であるが、それに先立って、1940年代から日本で、「総合研究」と呼ばれた現場研究法が東北地域などで開発された。その理論的根拠は、「経営を人と作物及家畜との共同社会と見做し其処に発生する諸現象を生物生態学的立場に於いて……一つの有機体とみる」[14]ところにあった。そして、この概念に基づいて、技術を「農家の経営条件と、それを取り巻く社会的経済的諸事情という篩い」[15]にかけるという技術体系化のための試験法が開発された。この試みは非常に先駆的だったが、当時、英語等に翻訳されなかったため日本以外では1990年代まで知られなかった。

こうした試験法を全国レベルに拡大したものは「営農試験」とよばれ、1952年(昭和27)から1962年(昭和37)に実施された。各地域に試験農家と対象農家を選定し、3～4年間、技術変革を実施した農家と在来技術をそのまま使い続けた農家の経営全体を比較した。10年間に合計389の試験地における課題は、畑作改善(24%)、有畜農業(21%)、秋落ち改善(17%)、水田作改善(17%)など多様であった[16]。

営農試験においては、1つの技術変革が営農体系全体にどのような変革をもたらすかを追跡し評価した。例えば、小麦を大麦に替える初めの技術変革に伴い、陸稲と田植えの時期も変えることになった。1つの作物の収量と収益の最大化を図るのではなく、数年間農家と一緒に試験しながら、1つの変革がもたらす問題が現れると新たな解決を見つけるという方式で、資源と労働力を上手に分配し、営農全体の向上を図る試験法であった。

現在、耕作放棄、減農薬栽培、ICTの活用など、過去と違う課題が多いが、営農試験法から学べることも多い。特に重要なのは、営農全体、村落や地域全体の発展を視野に収めて、農家とともに、体系全体の改善を図るという長期的視野をもった協働である。その原型が営農試験にみられる。

(ジョン・コールドウェル)

■協働の実践1

農業者、協働者が研究開発に参画する意義はどこにあるか

16

経緯　日本における農業生産現場での新たな技術の導入は、「シーズプッシュ型リニアモデル」といわれる方法が主流を占めてきた。大学等で明らかになった法則、原理等に基づいて試験場で技術を開発し、これを普及組織を通じて普及するやり方である。その理由についてはいろいろ指摘があるが、例えば品種育成のように開発に長期を要する一方、技術を使用する農家の規模が小さく自ら技術開発を行うことが困難なため、ともいわれる。

しかし、世界に目を向けると、農業者自らが開発に関与する方法も多くの地域で実践されており、日本でもかつて農業者参加型の開発が行われた(Ⅲ-Box 06)。また、近年は農業者自らが大学や試験場とともに技術開発に取り組む例もみられるが、いまだ限定的である。これに対して、農業者、普及組織と研究機関の協働により、現場ニーズに直結し、現場適応性の高い技術開発をめざす、とする方向が2015年決定・策定の「農林水産研究基本計画」、「協同農業普及事業の運営に関する指針」等で示されている。

意義　農業者が参加する方法の要点(リニアモデルでは問題点)は、大きく2点に集約される。1つは課題設計段階、現場のニーズをどう見つけ課題化するか、2つは試験実施段階、試験自体への農業者の参画、である。

1点目、何を課題とするか。農業者が求めるもの(ニーズ)に即さないと開発技術は利用されない。シーズプッシュ型、すなわち「良い」(と開発者が思う)技術も、現場が求めていなければ「移転」させることはできない。しかし、農業者は一人ひとりが異なる存在であり、ある農業者のニーズが他に当てはまるとは限らない。いかに「代表的」な農業者を選ぶか、それは、どういう意味で代表なのか等を検討する必要がある。

近年、「バックキャストアプローチ」と呼ばれる方法が用いられている。

現在からのトレンドに基づくのではなく、「あるべき社会」＝目標を決め、その実現に必要な技術開発を行う、という考え方で、国家的なプロジェクト等で用いられている。しかし、「あるべき社会」のとらえ方（ニーズのとり方）次第では、「押し付けられた社会」となる危険をはらむ。また、そこで開発される技術は「将来必要」だが「今すぐ必要」ではない場合もある。とはいえ、例えば、ある集落（むら）で、むらびと自身が主体となって今後を考え、あるべき姿の実現のために解決すべき問題を抽出し、解決に必要な技術開発課題を導き出すことは重要であり、個々の農業者を超えた共通ニーズともいえる。ただ、むらびとが多様化する中、前述の代表性の確保も含め、どうニーズを抽出するか、はさらに検討すべき問題である。

2点目、新たな技術。当然、収量が何％増えた、投下労働時間が何時間減った等数値で評価すべきである。しかし、実際に使用した農業者の数値以外の評価もありうる。うまくいく条件が狭い、手順が面倒等「使い勝手」、「技術の手触り」といったことである。もちろん、他の作業や作物との競合等、経営総体からみた評価も重要である。これらを開発者と直接検討しフィードバックして改良を重ねるところに参画の意義がある。

留意点　最近、「社会実装」という言葉をよく目にする。この言葉は、科学技術振興機構（JST）社会技術研究開発センター（RISTEX）における「社会技術」の議論から生まれたといわれ、研究開発された成果が様々な現場や地域に普及・定着している状態を指すとして、そのさいの関与者（ステークホルダー）との協働の重要性も指摘されている。しかし、最近のプロジェクト等での使用例をみると、前述のバックキャストアプローチやイノベーションといった言葉とセットで用いられ、「あるべき社会」の実現に向けて変革を起こすために、研究成果を（かなり強引に）社会に持ち込もうとする取組みとなっていないかが危惧される。

現場で協働者主体でやることと農業者が参画してやることとは異なる。技術の使用者としての、また、経営全体からの評価と検討、フィードバックが確保されることが重要であり、どのような農業経営の「場」でやるかを、前述の代表性、一般性の確保も含めてしっかり検討する必要がある。

（笹倉修司）

■協働の実践 1

活動の成果を発表・表現・伝達するとき、何が大切か　17

「学」の表現に限らず、とかく成果の表現は、客観性と合理性と普遍性をもったものが良いとされている。ようするに「科学的」である方が、説得力があると、みんなが思うようになった。知らず知らずにこうした思考と表現の「型」に、はまっている（このことに気づくと、とても苦労する）。特に学術論文は、いつの間にか文体と思考法まで統一されている。これは単に表現方法の問題にとどまらない厄介な問題なのだ。

私たちの「協働学」は、専門家と農家（場合によっては生きもの）の関係を深める学である。そうだとするなら、従来の学とは異なった表現を試みる必要がある。なぜなら、単に対象を第三者的に冷静に分析するだけでなく、農家や作物や天地自然に寄り添い、その生の息吹に触れ、それゆえの悩みに共感する内からのまなざしを表現せざるをえなくなるからだ。

何よりも、生とは「主観的」で「非合理性」を含み「個別的」であるのが普通だ。ここがとても重要である。独りよがりの主観かどうか、非合理であっても説得力のある経験に根ざしているか、個別的でも個性が輝いているか、これらの判断はその本質をしっかり表現してこそ、評価がえられる。

活動の事例発表会でも、その人の専門家（第二者）としての問題意識の深さや、問題解決に取り組む情熱や、そして相手への情愛の豊かさこそが、聞いている人の胸を打つ。それはその人が生身で語っているからだ。どうしてこの「語り」を論文やレポートでも生かさないのだろうか。既成の型にとらわれる必要はないのに。

だが、解決は簡単にできる。表現の方法は、既成の論文のスタイルに添う必要はなく、あなたが発見したことを、つかんだことを、感動したことを、伝えるに価すると思ったことを、あなたの言葉で語ればいい。むしろ厄介なことは、所属する機関や委託された機関や農家から、あなたの意に添わない「成果」を求められることにある。しかし「成果」とは、たとえ与えられた課題であったしても、協働の過程で、あなたの中で内実は変化するものだ。充実し、熟成し、場合によっては与えられた主旨とは相当にずれた換骨奪胎が行われることも珍しくない。

例えば「生産性の追求」というテーマであっても、農家が作物や田畑や自然環境を観察する時間が増えることを望んだとしたなら、「生産性」の概念自体を再検討して、より豊かな生産性の考え方を提案することだってできる。日本農業普及学会のEXセミナーでも、スマート農業に転換した農家が、作物や家畜との触れあいが希薄になったので、意識的に観察の労働時間を増やした事例が報告され、注目を浴びた。

こうした逸脱は、課題を深めこそすれ、不真面目に堕することはない。野家啓一はこう言っている。「優れた科学者は見慣れた対象の中に、他の誰もが観察できなかった事実を、新しい理論的仮説の光を当てることによって、観察することができる。この意味で、観察を行うことと理論を形成することとは、切り離せない表裏一体の事柄なのである」[17]。

新しい世界を見るためには、新しい見方（理論）が要るということだ。新しい理論を形成するからこそ、新しい世界が見えてくるのだ。そこにこそ表現の醍醐味がある。別に従来の見方で何の不都合もないと思っている人にとっては、表現に工夫する必要はない。

もう一人、永井均の言葉を引く。「哲学にとって、その結論（つまり思想）に賛成できるか否かは、実はどうでもよいことなのである。重要なことはむしろ、問題をその真髄において共有できるか否かにある。優れた哲学者とは、すでに知られている問題に、新しい答えを出した人ではない。これまで誰も、問題があることに気づかなかった領域に、実は問題があることを最初に発見し、最初にそれにこだわり続けた人なのである」[18]。

あなたが表現しようとする時に、壁にぶつかることがあるなら、あるいはうまく表現できないと悩むことがあるなら、それは新しい世界が見えているのかもしれない。じつは表現することは、あなたの問題意識に新しい見方（理論）を探すことなのだ。そのためにも、まずはあなたの言葉でそれを表現してみてほしい。そこに見えてくる世界こそ、成果だ。（宇根 豊）

Box 07

講習会の意義と方法

講習会は、誰かに何かを教える、あるいは伝えるさいに、最も一般的に用いられる手段の一つである。一度に多数の参加者に伝えられるという点で、効率的な手段であるといえる。

講習会を行うさいには、参加者の知識や経験レベルと講習会の目的を明確に意識しておくことが重要である。例えば、参加者がベテラン農業者か、若手農業者かで内容のレベルを変える必要がある。また、説明する内容は、新しい取組みを紹介する段階であれば意義やメリットに重点を置き、実際に新しい取組みを始める場合には具体的な方法や注意点に重点を変える。

参加者が同じ特性をもつ集団員であっても、技術レベル、経験年数、性格などは様々である。そのため、多様な参加者が理解できるよう、専門用語を簡単な言葉に置き換えたり、イラストやグラフを使うなど、分かりやすい説明を心掛ける必要がある。

講習会という手段の最大の特徴は、参加者が一堂に集まり、同一の内容を伝達するという点である。新しい取組みを始めようとする場合には、十分に議論し合意形成を図ることが必要なので、説明の後に、話し合って検討する場を設けると、参加者同士が共通認識をもつことが可能となり、効果が上がる。

一方、効果の点からみると、講習会はマンツーマンの対応が基本となる巡回指導よりも劣ることに留意する必要がある。すべての参加者が、講習会で伝えた内容を理解し、実践するわけではない。

普及指導員が行う講習会は、単に教えるためのものではなく、講習会後に導入・実践してもらうことが目的である。そのため、講習会後に参加者を巡回するなどして実践しているかどうかを確認し、実践していなければその理由を探り、実践に向けた方策を考えることが重要となる。（林 兵弥）

Box 08

「くまもと農業アカデミー」創設に携わる

新分野にチャレンジするキッカケとなるのは、人事異動による配置換えや転職などで新たな業務を担当する場合が多いのではないだろうか。

私にとっての新分野へのチャレンジは、農業大学校に異動し、知事の意向を踏まえアメリカのエクステンションサービスのような大学の農学部をイメージして、農業大学校、農業研究センター、県立大学を中心とした講座を開設する仕組みをつくることであった。

まず、このような講座を現場が受け入れるかどうか農業大学校の卒業生や新規就農研修生から直接話を聞くことにした。すると画一的な講座を一定期間受講するのではなく、自分が学びたい講座を選び、いつでも学べる環境があれば活用したいという意見が多数であった。この現場ニーズをもとに、農業大学校のリカレント教育の要素も含めた講座を開設する方向で検討を進めた。

その過程で、現場の普及組織の主体性をどう確保していくかが大きな課題となった。普及組織の内部から「農業者への講座は本来普及の役割ではないか。現場のことは普及に任せてほしい」という声が聞こえてきたのだ。普及指導活動の本質論にまで発展する議論になり、私は長年普及指導活動に携わってきた経験から、普及指導員が関与しないと県下全域を対象にした講座は、一過性のイベントになってしまうという危機感があった。

最終的に講座の名称は「くまもと農業アカデミー」とし、県内の意欲ある農業者の学びの場として、県内の様々な農業関係機関が運営に参画するような仕組みとした。特に、受講後に農業者が次の行動に移す時、個別にフォローアップができる普及組織の参画があってこそ講座が生かされることを提言し、県内部にも普及現場にも理解してもらった。

開講後は、受講者の掘り起こしから受講後のフォローアップまで普及指導員が関わり、農業者から講座を受講して普及指導員とのつながりが強くなったという話を聞くと喜びを感じる。（園田 誠）

■協働の実践 2

行政の施策・事業を適切に活用するには、どんな点に留意すべきか 18

農業関連の行政の施策や事業は、一般に「補助金行政」といわれるほど様々なものがあるが、それらは、取り入れれば必ず地域や農家の経営が向上する、あるいは経営が継続できるとは限らない。農業普及の現場では昔から、「事業は活用するもの」という共通認識があり、施策や事業を適切に導入し、活用するために、あくまで農家とともに経営への影響の評価やリスクについて考えることを重視してきた。

ここでは、そのことを念頭に、協働者として何をポイントに施策や事業導入を考えるべきかを整理してみたい。

個別経営体対象の施策・事業導入の場合　事業導入のさいには、施策の方向性を考え、計画の段階で見通しを判断し、経営の変化を長期のスパンで考えておくことが重要である。特に、経営主のみでなく、経営主の妻、後継者、後継者の妻など、5年・10年・20年後の生活設計の中で、経営発展に向け事業導入が有効かの視点で考える。

その検討にあたっては、経営的・技術的な数字を基に組み立て、具体的な変化を試算しつつ、特に経営目標の達成に向けた手段として、どんなメリットやデメリットがあるのか、その有効性を判断し、導入後の経営を予測する。

協働者としては農家の立場に立って想定できるあらゆるリスクを含めて検討することが必要である。

集落や生産組織対象の施策・事業導入の場合　集落組織や生産組織を対象にする場合においても、基本は個別経営体と同様の考え方で進めるが、対象が広がるため常に構成員の意見をまとめ共通認識をもつように対応していくことを心がける。事業の概要説明、導入への意向確認から始め、事業実施主体の役員との話し合いを進め、組織・地域全体の合意を得ていく必要がある。事業導入にあたっては、地域に農業が生き残る方策となりうるか、組織の構成員のみでなく、女性、後継者、高齢者など各層の意見も聞き、地域全体の合意をとりながら進めることが肝要である。

このさい、事業導入の目的や目標を明確にし、どのようなステップで事業が進むのか、事業を取り入れることで全体としてはどのような変化や効果が上がるか、個々の農家への影響などを具体的に説明し、あわせてリスクについても理解を図っておく。

施策・事業活用に向けた支援　普及組織は公的機関のため、公正・中立の立場から第三者としてアドバイスができること、また、その客観性や数字に基づく客観的な評価は信頼されている。その有利性をテコに、導入した事業等の活用の場面においても、経営者たちのセンスに磨きをかけ、自己の経営について正しい判断ができるような支援が望まれている。

また、事業効果に疑問が残るときには、関係機関と情報共有し、農業者にリスクを知らせて一緒に導入について考え、「ノー」というアドバイスをすることも考えられる。

事業導入にあたっては、個別経営体あるいは地域組織が対象であるにしても、日頃の経営記帳の結果を基に事業導入後の目標達成に向けて十分検証し、取り組むことが事業効果を上げることにつながる。(佐藤美智子)

■協働の実践 2

大規模農家への土地集積には、どんなメリットとデメリットがあるか

19

農業経営からみる　今日の水田作経営では、担い手への農地集積による規模拡大がかなり進展している。これを農業経営という視点からとらえた場合、農地集積による面的な経営規模の拡大は、機械稼働面積の増加による農機具費や減価償却費の減少、作業効率の向上による労働時間の減少等による規模の経済が働き、単位生産量当たりの米生産コストを大幅に縮減させるメリットがある。例えば、次頁の表に示すとおり、米作付け規模15.0ha以上の全算入生産費は、0.5ha未満の50％以下となっている[19]。

しかし、米生産コストは、作付面積の規模が大きくなるにつれて連続的に低下しつづけるのではなく、9～10haを超えると一定の限界に達する。なぜならば、大規模経営体への農地集積の多くが、農地の量的な増加であり、それらを面的に集積するという方式での規模拡大ではないからである。例えば、20ha規模の経営になると圃場枚数は100枚近くに及び、100ha規模の経営に至っては600枚以上の圃場枚数となる実例もある。このような小区画圃場が非連担となった農地集積では、頻繁な圃場間移動が必要となり、圃場間移動時間が作業時間全体の10～15％に及ぶ非効率性が発生している事例がみられている[20]。また、規模拡大に伴い、家族経営から雇用型経営へと経営形態を変化させていく中で、圃場の状態（履歴・特性、生育状況、雑草等）や作業進捗状況等の情報の把握・共有不足、非農家出身や土地勘のない従業員への作業伝達等、これまでの家族経営ではみられなかった新たな経営マネジメント上の課題を顕在化させている。

なお、地域農業者の高齢化・脱農化が進み、少数の担い手に対して大量の農地が供給される地域では、分散圃場の展示圃効果による近隣圃場の貸し手の発掘、借地の選択的借入や交換耕作等による連担化が進むとともに、連担圃場の畦畔除去による大区画化が図られ、圃場数の増加・分散化

による非効率性を回避する事例もみられている。

地域経営からみる　次に地域経営としてとらえた場合、地域の中心的な担い手となる農業経営体を決め、その農業経営体に農地を集積して経営効率を高めることは、耕作放棄地の解消・発生防止と将来にわたっての地域内の農地の適切な農業利用を担保するというメリットが考えられる。また、その農業経営体が雇用型経営の場合は、地域雇用の創出や新規就農者の受け皿にもなりえる。

しかし一方で、大規模経営体への土地集積は、少数の大規模経営体と多数の土地持ち非農家へと地域農業の分化を促すことでもある。結果として、これまで農道や水路などの地域資源管理を支えるコミュニティの共同行動のもとで機能してきた小規模農家や兼業農家が土地持ち非農家化することで、地域資源の維持管理に対する意識低下（お客様化、無責任化）を招き、大規模農家に農業インフラの管理の負担が集中するという地域マネジメント上の課題が顕在化する状況を生み出している。

ミクロとマクロ双方の視点からみる　大規模農家への農地集積については、メリットとデメリットという二元論的なとらえ方ではなく、農業経営というミクロな視点と地域経営というマクロな視点から、メリットを享受するための条件とその限界、デメリットを克服できる方法、そして農地集積が進展することで顕在化するマネジメント上の課題への対応を検討する必要がある。（上田賢悦）

米生産の主要費目の規模格差（2014 年産）

費目		0.5ha 未満	5.0 ～ 7.0ha	15.0ha 以上
全算入生産費		100.0	53.4	49.5
費目	肥料費	100.0	88.8	78.2
	農薬薬剤費	100.0	90.9	81.8
	農機具費	100.0	56.0	55.3
	労働費	100.0	42.9	35.7
	（うち家族）	（100.0）	（41.5）	（31.5）
	支払利子	100.0	1,192.3	1,050.5
	支払地代	100.0	614.3	681.8

資料：北出（2016）より

■協働の実践 2

集落営農とはどういう方式か、どんなメリットとデメリットがあるか

20

集落営農とは　農林水産省の統計用語では、「集落を単位として農業生産過程における一部又は全部についての共同化・統一化に関する合意の下に実施される営農」と定めている。だが、農業・農村は自然環境や生産と生活の場など多様な要素が絡み合っている。集落を単位に単なる合意の下に実施される営農だけでは、持続できる担い手としての集落営農は成り立たない。集落内の第二種兼業農家や大規模農家、女性や若者、高齢者などみんなでこれからの農業を考え、ビジョン化し、みんなで取り組んでいくことが「集落営農」であり、みんなで考えた結果、生まれてきた新たな担い手が「集落営農組織」である。このように考えると、話し合いに最初からみんなが参加できるとともに、集落営農組織が地域に根ざした持続的な担い手へと発展していくことができる[21]。

集落営農のメリットとデメリット　メリットとして、多様な人材が確保でき、機械施設の効率的な利用が可能になる。また、農地や水などの地域資源や定住環境の維持などが協働によって行いやすくなる。一方、デメリットとして合意形成に時間がかかる。合意形成に失敗すると対立や活動の停滞を起こす。また、対立の解決のために多大な時間を要するといったことがある[22]。

集落営農組織の設立と集落営農組織のタイプ　集落営農組織を結成することが集落内で合意されれば、いつ設立するかといった設立スケジュールを明確にするとともに、これから取り組もうとする集落営農組織のタイプを決める。この場合、「これだ」という型はなく、集落農業の現状と課題から将来の姿を明確にし、集落に応じた型から取組みを始める。

①共同利用個人作業型：営農組合などで共同機械を保有し、その機械を個人が借りて作業をする方式。主要な機械を個人が持たないため、農業機

械にかかる費用が少なくなる。

②共同利用共同作業型：営農組合などで共同機械を保有し、組合員が交代制や輪番制で作業を請け負う方式。多くの労力を要する作業を、みんなの力で助け合うことができる。

③共同利用オペレーター型：営農組合などで共同機械を保有し、営農組合の特定の人（オペレーター）が作業を請け負う方式。営農組合が農作業を受託し地域の担い手の一部となる。

④集落一農場型：集落の圃場を1つの農場と見なし、営農組合が生産・販売を一元的に行う方式。農家は営農組合へ農地提供と出資を行い、営農組合は生じた利益を組合員に分配する。地域の経営体として幅広い活動が展開できる。

⑤中核農家規模拡大型：営農組合が集落内の農地の利用調整を行い、認定農家や中核農家に農地の利用権を集めたり、農作業を委託する方式。認定農家や中核農家を担い手に、営農組合が集落内の補完作業を行うことにより、機械・施設の投資を抑え、集落内の農地を守ることができる。

集落営農取組みでのポイント　集落営農に取り組むきっかけは、転作や機械・施設の補助金をもらうため、圃場整備などを行うため、国・県・市町村・JAが勧めるからなどいろいろなことがある。しかし、実際に集落に入ると、労力を補完するため、農地を保全するため、地域のコミュニケーションを高めるためなどといった課題がある。そのため、自らが「なぜ、今、集落営農が必要なのか」をはっきりと説明できることが求められる。

また、経営体として「収益性」、「社会性」、「継続性」の3つの要素が必要となる中において、自然環境や市場動向などの影響を受けやすい農業では、地域コミュニティの醸成や多くの人の参画が得られやすい活動、地域環境づくりへの参画などの「社会性」を土台とした活動が重要となる。このことにより、組合員からの支えと参画意識が高まり、集落営農組織が持続できる担い手に発展していくことができる。（森本秀樹）

■協働の実践 2

農業の6次産業化とは何か、進めるときの留意点は何か

21

農業経営体が原料農産物の生産だけでなく、それを利用した加工品の製造や、産品の流通、その他関連するサービス事業にも取り組み、経済活動を多角化する取組みの総称が「6次産業化」である。C・クラークによる産業分類に即して説明すれば、農業経営体が1次産業（農林水産業）にとどまらず、2次産業（鉱工業）や3次産業（商業・サービス業等）の領域にも進出することにより、産品の高付加価値化と関与する経営体の売上高増加ならびに収益性改善を目指す取組みを指す。6次産業化論の提唱者とされる今村奈良臣氏は、1次×2次×3次＝6次化であり、6次化にはいずれの産業も必要だが、農林水産業は不可欠であることを強調している。

6次産業化の広がり　農業経営を多角化することの重要性については古くから認識され実践されてきたが、古くは複合化という用語が充てられていた。またかつては農業生産の多角化＝栽培・飼育する作目の多角化・複合化を指すことが多かった。しかし1990年代後半から、作目の複合化にとどまらず加工・流通・サービス業も視野に入れた多角化も論じられ実践されるようになった。同じ頃に6次産業化という用語も生まれている。その後2010年に6次産業化・地産地消法が施行され、同法に基づく認定・支援事業もスタートし、農業者からの認知も進んだ。自治体レベルでも同様の支援事業を用意している例は多い。一次産品の価格低迷や、地方での就業機会確保ならびに農村経済の活性化の重要性が叫ばれる今日、6次産業化は注目を集めている。

経営体の6次産業化と地域経済の6次産業化　近年では6次産業化を個別経営体の多角化活動と前提視して論ずることが多い。しかし総じて零細な経営体が多い日本では、経営体単体の6次産業化ではスケールメリットを発揮しにくい。また個々の経営体のもつ有形・無形の経営資源にも限界

がある。むしろ実態としては、複数の経営体が連携して原料農産物を一定量確保する例、またすべての事業領域を農業部門が担うのでなく、経験を有する地域の商工業者に加工ないし流通事業を委ね、地域全体として経済活動の6次産業化を進めている例が多く見受けられる。6次産業化の実践は個別経営体に限定されるものでなく、当該地域の多様な経済主体との連携によって進められてもよい。後者の視点に立った6次産業化を支援する制度的枠組として、農商工（等）連携事業も用意されている。

6次産業化を進めるときの留意点　まず、「6次」産業化という用語は1次・2次・3次すべての事業領域にまたがった取組みを進めることの必要性や重要性を想起しがちだが、実際には全分野に関わる取組みを個別経営体で完結することは難しいし、決して効率的ともいえないことに留意すべきである。農業者が加工・流通・サービス事業に取り組む場合、概してもっているノウハウには限りがあるし、時間や経営資源の制約もある。どの事業領域までを自身の経営で行い、どの領域は他者に委ねるのが効率的かつ持続的な経営につながるかを吟味しなければならない。

次に、経営体個別でなく他の経営体、特に他産業の経営体と連携して6次産業化を進める場合は、経営体間の関係性そのものに注意を払うべきである。日常的な情報交換・協議の場や取引・契約条件のセッティングにおいて利害関係者が対等の条件でやりとりできているか注視する必要がある。時に、農業部門は、商工部門の単なる原料供給先の地位にとどまることもある。

最後に、事業成果の評価をていねいに行う必要がある。短期・長期双方の視点に立った評価が必要である。6次産業化認定を受けている事業体は総じて売上高を伸ばしているものの、収益性指標については低下していることを示唆する統計も存在する。農業者と他部門の利害関係者との連結を促進支援するためには、普及指導員、JA営農指導員、6次産業化プランナーなど、協働者の果たしうる役割が大きい。（櫻井清一）

■協働の実践 2

営農計画を立てるときに役立つ支援方法はあるか

22

営農計画とは、言うまでもなく、農作物の作付計画だけではなく、販売計画、収支計画、資金計画等を含めた農業経営全体の計画である。

営農計画は、農業者が農業経営を開始、見直しおよび改善するために欠かせないものである。営農計画を立てることにより、収穫・出荷・販売から収入を予測し、必要な作業時間を考慮して労力配分を決め、必要経費(種苗・肥料・農薬など短期的なものから、施設・機械など長期的なものまで)と、そのために必要な資金調達を想定することが可能となる。

営農計画の作成は、各種補助事業や融資制度を利用するさいに要件となっていることも多く、普及指導員の活動上、重要な課題であるといえる。

営農計画作成の手順　営農計画作成を支援するさいには、以下の手順を踏むことになる。

①年間の作物栽培体系を決め、あわせて農地利用計画を決定する。すなわち、いつ、何を、どこに作付けするのかを決める。

②栽培体系をもとに、毎月の労働時間を算出する。場合によっては、雇用労働の導入を検討する。

③各作物の平均出荷量と、その出荷先の毎月の平均単価から毎月の販売金額を試算する。単価の変動や販売試算の結果によっては、作付計画の調整を検討することもある。

④毎月の必要資材と、その経費を算出する。上記の試算した販売金額とあわせると、収支の予想が可能となる。

⑤施設・機械の導入・更新時期を確認するとともに、既存の施設・機械の減価償却費を把握して資金繰り計画を検討する。

なお、前提として、農地、労働力、販売先、既存の施設・機械、用意できる資金等を確認しておくことは言うまでもない。

以上から、およその農業経営が予測的に把握できるはずである。

営農計画作成支援に必要な知識　営農計画作成を支援するために必要な知識としては、各作物の栽培技術、簡単な農業簿記、融資制度などであり、各作物の平均出荷量や平均単価、必要経費、減価償却費および労働時間等を算出するためには、各都道府県で作成している経営指標を活用するとよい。

実効性のある営農計画作成のために　さて、上記の作業を経て営農計画が作成できたとして、その実効性を確保することができるかどうかが最も重要なポイントとなる。普及指導員等のいわゆる指導者の支援により、机上で営農計画は作成できたものの、補助事業や制度資金の採択を優先するあまり、実現性の乏しい収支計画となっているケースが見受けられる。また、新規就農者の場合は、栽培経験が乏しいため、目標の収量・品質を確保できないという問題も起こりうる。

それを避けるためには、指導者が主体となって営農計画を作成するのではなく、農業者とともに実現可能な計画を考えるという姿勢が重要となる。

そのためには、農業者との会話の中で、オープン・クエスチョンという手法を用いるとよい。クローズド・クエスチョン（YesまたはNoで答えられる質問）は、事実や相手の意志を確認するために有効な質問法であるのに対し、オープン・クエスチョン（How、What、Whyで始まる質問）は、相手の考えを引き出すのに効果的な質問法である。

実効性のある営農計画を作成するためには、オープン・クエスチョンを繰り返して、相手の現状を聞き出すとともに、相手に考えることを促し、それをまとめていくことが重要である。そして、質問に対する応答から、相手の能力（特に栽培技術や労働力）を見極め、無理のない計画となるよう留意する必要がある。

営農計画の作成において最も重要な実効性の確保は、農業経営の現状の把握と、農業者の今後に向けての改善意欲と能力に負うものであり、それを農業者自らが導き出せるよう支援することが求められる。（林 兵弥）

■協働の実践 2

農家が描く村の将来像を地域の振興計画にどう反映させるべきか 23

これまで地域振興計画(マスタープラン)は、ほとんどが県や市町村単位で策定され、地域共同体の範囲で策定されることはまずない。その理由は何だろうか。

まず、これらの地域振興計画は主に行政機関によって「地域振興」、「産業振興」、「地域活性化」のためという目的で策定される。つまり最初から枠組みと目的が決められている。それからはみ出した思いは、「参考意見」になってしまう。次に範囲が広すぎる。これでは、地域共同体のものにはならない(首長が交代すると策定し直されるのも困りものだ)。

一人ひとりの住民にはそれぞれの将来の夢があるものだが、それはそれぞれの頭や身体の中にしまい込まれている。折にふれ、それは話の端々に出てくるが、ともすれば農業経営や農業技術、あるいは子どもや親の行く末が主題になってしまう。社会が「将来像」として提示しているのはそういう世界だからである。したがって、それ以外の問題意識はなかなか表面に出てこない。

しかし、地域共同体を深いところで支えていて、なかなか行政機関が把握できない想いとは何だろうか。まず、①天地自然との関係であろう。次に②その地域共同体が引き継いできた伝統知である。さらに③精神的なつながりである。

例えば、「川から遠ざかったのは、子どもたちが川で遊べなくなったからなんだ」という問題意識が浮上したとき、地域共同体プランがあれば、それは「川」、「伝承」、「遊び」の項目に書き込める。そういう「共同体プラン」を自在につくる発想が、この国の行政システムにはない。表現の場とまとめの場が少なすぎるのだ。

いわゆる「村おこし」は、こうした社会的な構造を乗り越えていく視点をもたないと、単なる「地域の経済振興」という常套手段に矮小化されていく。農家は、村の中のことは、いつも考えて（感じて）暮らしている。そこで一人ひとりの問題意識を、地域の問題として共有するための仕組みが必要になる。もちろん外部からの視点やアドバイスは役に立つが、それは何よりも、内からのまなざしや思いを引き出すための手段にすぎない。

「共同体プラン」は、住民がその気になれば、簡単につくることができる。ただし、①現在の問題意識の共有と表現、②将来の夢の吐露と共有、③昔からの伝統の評価と更新、を土台にする。そのうえで、何よりも「くらし」をどうしたいのか、どうするのかが全体を貫く心棒とならなくてはならない。ようするに、住民の幸せを実現し守るために、市町村行政とは別に、自力で「共同体プラン」を立てるのだ。

そのために、とりまとめをする人たちが心したいことは、まず、①表現する場を用意することだ。30人未満なら村の集会のたびに、意見を出してもらうことも可能だが、50人を超えると、事前のアンケートや聞き取りが効果的だ。問題はその内容である。②できるだけ、一人ひとりの思い、問題意識を引き出すような設問にする。記述式でも書いてくれるような内容にしないと、みんなの心が表に出てこない。③集計やとりまとめは、できるだけまとめすぎず、生の回答を整理して、それをみんなに見てもらい、議論の材料にすることを意識してやる。

次に、アンケート結果を基に、いろいろな場面や方法で、議論をすることが、もっとも大切だ。この時に心しなければならないことは、議論することがすでに目的に含まれていることを自覚しておくことだ。実現できないことも話し合っていいのだ。気持ちや精神こそが、書き留めておかねばならない。なぜなら、夢は共有したいからだ。百年後に日の目を見るかもしれなくてもいいではないか。

「共同体プラン」のとりまとめは案外簡単かもしれない。すでに、内容は出尽くしているからだ。ここで、まとめ方のスタイルについては、行政機関などの外部の力を借りるといい。協働者はできることなら、最初から最後まで、第二者（半当事者・二人称の立場）として関わりたい。それはあなたの学びの場にもなるからである。（宇根 豊）

IV

協働学の展望

「悩む力」と協働学

01

協働はなぜ一方的な誘導・指導になりがちなのか　協同農業普及事業は「考える農民」の育成を旗印に、約70年間、試験研究機関と農家の橋渡し役や農家の協働者としての役割を果たしてきたが、時には一方的な誘導・指導になることもあった。同様のことは農協、市町村役場、民間企業などの農業の協働者も共通して陥りやすい問題である。

なぜ、協働が一方的な誘導や指導に陥りがちなのか？　その大きな理由の一つは、協働者は、基本的には所属する組織の意思や立場に従って行動しなければならず、それゆえに協働者が所属する組織の方針や決定から逃れられないところにある。

試験研究と協働者の関係　国は国立研究開発法人、地方公共団体は農業試験場等を設立し、そこで農業の試験研究が行われている。地方公共団体の農業試験場等は本来、地域の農業振興や生産現場の課題解決のためにある。しかし実際には、共同研究や委託試験など外部資金に依らなければ、活動のための資金が不足することが多い。外部資金を調達するには、スポンサー等の意思などを反映させねばならず、また地域の農業事情とのすり合わせも行わなければならない。さらに、試験研究は研究として新規性のあることが大前提であり、その成果が生産現場に活用されることは重要であるが、基本的には研究成果が出て、論文を執筆・作成し、引用されることで評価される仕組みであり、農業の生産現場の状況と乖離することもままあることである。

しかしながら、いったん研究成果が確立されれば、それが農業の生産現場の事情とのズレがあったとしても、協働者は普及を図る努力をしなければならない。また、所属する組織の方針が生産現場の実情と合わない場合でも、所属組織が決定した方針には従わなければならない。こうしたことから、農業の協働者は常に農家側と組織側の論理の間に立って、利害を調整しつつお互いの利益を模索しなければならない「悩める者」なのである。

悩みに耐える力の発揮　このような事情だけでなく人間関係の問題など、協働者の活動においては悩まなければならない場面が大変多い。さらに、災害時などの緊急時には、予算などの制約から迅速で直接的な支援ができないこともある。すぐには解決の出ない状況に耐え、焦らずに付き合うためには「ネガティブ・ケイパビリティ（答えの出ない事態に耐える力）」[1)]が求められる。

協働者がすぐに解決できない問題に直面したとき、心の置きどころがなく辛い心境となるが、そうした悩みに長い間連れ添うことは当然起こりうることである。解決できない問題は目に見える大きな障害である場合もあるが、まだ認識されていない根の深い問題を抱えていることも多い。後者の場合は、辛抱強く問題の深部に目を向けるまなざしをもちたい。またこうした事態に耐えるなかで2つの行動が重要になる。1つは、常に現場に赴いて情報収集に努め、所属する組織に情報伝達や積極的な提言を働きかけるなど「つなぐ」ことである。もう1つは解決に至らずとも、農家の悩みや思いを聞き、真摯に受け止め、傾聴することを通じて農家との共感をつくることである。このことで、ビジョンの明確化や協働者と農家との信頼関係が醸成される。また、すぐに解決が難しいとしても、解決のための糸口や道筋を整理することも大きい意味があると考えられる。（藤代岳雄）

農業の普及学から協働学へ

02

農業普及学の泰斗藤田康樹の考え方によれば、農業普及活動の機能には、伝達、誘導、教育、相談、提案、合意形成、共創および組織化が含まれる。これらを二分すれば、伝達・誘導・教育の前半部分と、相談を挟んで提案以降の後半に分けられるが、前半はいわば一方的な働きかけあるいは教化ということになる。他方後半は双方向の交流が重視されており、これらが本書の目指す道、藤田が強調するコーディネイトの中身を導き出すといえるだろう。

コーディネイトの壷　上田賢悦が秋田県農業試験場で取り組んできた活動に、ヤマノイモ栽培に関わる一連のイノベーション・マネジメントがある。農業者を中心に、産官学の関係者が協働して半自動移植機の開発に成功した事例であるが、カギとなる仕組み——コーディネイトの壷；実際の取り組み——として「ユーザー参画によるイノベーションの共進化・民主化」が注目される。ここで「共進化」とは知の共有のことであり、関係者が共同で「何が可能であるか」、「どうすべきか」に関して学習する過程へ参加することであるとする。一方「民主化」の方は、すべてのプロセスにおいて自らのニーズを充足させるための解決策を提案することとしている[2)]。このうち「共進化」は、レイヴとウェンガーが主張した実践コミュニティを中心とする正統的周辺参加論に類似している[3)]。レイヴらは学習を頭の中で起こるものではなく、共同参加の中で、メディアとの相互関係によって生ずるとし、また野中郁次郎も「欧米でも『実践コミュニティ』に俄然注目が集まってきているのは、人と人の間で文脈を共有しなければ、暗黙知は移転されないことが分かってきたから」として、実践コミュニティ論を称揚している[4)]。つまり主体的に参加する人たちが共に創り上げる点で正統的周辺参加論と「共進化」論の親和性が見られる。一方の「民主化」

は、セイックラらのオープン・ダイアローグ——文脈の概念を援用しつつ、当事者と関係者の対等かつ開かれた対話の場を設定し、精神医療界で近年注目されている方法——に通じるものがある。そこで私たちの農業の協働学構築に向けて、藤田理論の共創とこの方法の関係を考えてみたい。

オープン・ダイアローグの衝撃　オープン・ダイアローグを邦訳した高木俊介は、それ以前にわが国でダイアローグ（「対話」）の流行を担ったのは経営学、上述の野中らだったと述べている。しかしビジネス書における対話は「結局は組織の発展のために用いられ」、「資本主義のサイクルを回していくための『手段』となっている」と喝破した[5)]。これこそ協働学において、旧来の普及学を乗り越えるために必須の観点であろう。そして野口裕二はオープン・ダイアローグの魅力について、人と人のつながりを、「独話的な関係（モノローグ）」から「対話的な関係（ダイアローグ）」へ転換するために、すべての関係者が最初から集まりネットワーク自体の直接再生を目指す点に見出している。このとき問題（課題）の所在について、「問題が人に内在するとすれば、その人自身が変わることが目標となり（自己変革モード）、医療者はその変革を指導助言する役割を取る（指導・助言モード）」というように、旧来の農業普及指導とよく似た立場に置かれることを示す。ところがもしその問題が人の外にあるならば、「問題とどう戦うかが目標となり、医療者はその戦いを支援しともに戦う同志となる（支援・同志モード）。問題の所在をどこに設定するかで医療者と患者の関係は大きく異な」るとされている。そして野口は問題の所在を変える原動力が愛にあると、衝撃をもって次のように伝える。「愛は個人に求められる属性や資質ではない。ミーティングがうまくいったときに結果としてその場に流れるものである」[6)]。つまり「オープン・ダイアローグ（という新しい試み）と対話する」ことで、晩年の藤田が追い求めた共創の元となる、励まし合える、主体と対象の友人関係が導かれるのではないか。野口のいう「問題を個人で背負うのではなくネットワークで背負うこと」によって「問題は解決しなくともその重みは軽くなる」というオープン・ダイアローグの要諦に学び、そこから新たな協働学へと道が開かれることを期待している。（稲泉博己）

協働の場としてのAKIS（農業知識情報・イノベーションシステム）

03

普及のパラダイムシフト　従来の農業技術は、非競合的で排除可能性が弱い公共財的性格の強いものであった。このような技術は、開発期間が長く莫大なコストを要するが基本食糧の生産という高い公共性を有し技術の独占も困難なので、公的機関が公的費用負担によって研究・開発を行ってきた。しかし、産地間競争が激化すると、産地名を冠した地域ブランドの形成に資する技術が求められる。それらは、産地外の生産者の利用を排除するが、産地の生産者は自由に使える地域限定公共財といえる。また、環境修復やアメニティの向上に資する環境技術は、受益者が住民やその地を訪れる旅行者に及ぶ地域環境財である。さらに、特定部門に固有の共通技術（家畜用ワクチン、園芸の共通資材など）は、その業界にとっては公共性を有する業界財と性格付けられる。業界財と類似するが、フランチャイズに参加する生産者にその使用が許される技術は、会員限定のクラブ財である。そして、個別の経営に利用が限定されるテーラーメイド技術や経営コンサルは純粋な民間財となる。

AKISの登場　欧米諸国では1980年代後半から農業の環境や生活の質における役割が問われ始め、従来の単線的な技術移転に代わるものとして「農業知識情報・イノベーションシステム（AKIS: Agricultural Knowledge Information/Innovation System）」という考え方が提唱された。AKISは、知識・情報の創造、変換、伝達、保管、回復、統合、普及、利用によって、意思決定、問題解決、技術革新に取り組む組織や個人の集合体と定義され、農業に関わりをもつすべての者から構成される。知識・情報・技術は単独で存在しているわけではなく歴史・風土に依存する。それらを、蓄積・整理して活用するためには、目的・思いを共有する組織や個人が協働する必要があり、「村の寄り合い」などがその場を提供する。

では、あらためてAKISをもちだす意義はどこにあるか。本来、農業は総合的価値（経済価値、生態環境価値、生活価値）の実現を目指すものでなければならず、その範囲は村では収まらないし課題も「寄り合い」で扱える範囲を超えている。現場の普及活動も総合的価値の実現のために、AKISという包括的で柔軟性のあるアプローチが必要なのである。

AKISを構成する主体は多様で、利害がすべて一致する必要はなく、特定の意図をもって組織化されたものでもなく、志を共有する数人の小集団から国際ネットワークまで含まれる。しかし、最もイメージしやすいのは地域農業であろう。自治体もしくは集落単位で共通する農業・農村ビジョンをもつ集団である。関心領域を環境、食、国際協力にまで広げると、流通・加工業者、消費者、環境関連の市民団体、フェアトレード、草の根レベルの民間交流もAKISといってよい。

普及の多元モデル　農業技術の民間財化を背景に、諸外国では1980年代以降、普及の民営化が進んでいる。民間の方が、サービスの提供が早く、個別ニーズに対応でき、無償の公共普及より質が高い、政治的手段にされない。一方、貧農はサービスを買えない、高収益作物に偏る、アクセアスの悪い地域は対象外、結果として農家間の経済格差を拡大する。つまり、公的普及は貧困層や条件不利地域を対象にできるが、政治誘導の手段になりかねない。民間普及は農家のニーズにきめ細かく応えることができるが、利益にならないことはしない。

これら両者のメリットを生かし、デメリットを回避する方策として、準公的性格をもつNPOや農民組織の活用が期待される。その役割は、①農家の問題、ニーズ、解決手段等を引き出し整理する、②公的機関や民間が提供するサービスをモニターし評価する、③公的機関や民間が提供するサービスの一部費用負担、④サービスの提供、⑤公的機関や民間と農家をつなぐ、などである。

技術も受益者も多様化する中で、農業普及もAKISという広い枠組みで多様な主体が送り手と受け手という役割分担を超えて協働することが展望される。（横山繁樹）

途上国への農業支援における協働の視点

04

協働支援の意義　日本には、先進国として、農業農村の発展に寄与した農業普及や農業協同組合など多様な協働の経験を分かち合うことにより、農業を不可欠な生業とする地球共同体に貢献する責務があると考えられる。

地球共同体への貢献は、国益にも貢献する。途上国では、農村の若い世代に農業の魅力が増し、就農が増えれば、農村が安定し、都市への流出と貧困人口の増加が抑えられる。農業の発展は、社会経済を安定させ、内戦や国家間の紛争の原因の緩和にも貢献する。その結果、日本が求める資源の供給が安定し、貿易の機会が増え、ひいては日本の社会経済の繁栄に貢献する。農村指導者・古橋暉皃が遺したことば、「村落の安定なしに自家の安定なし」[7]に通じる。これはまた、タイ仏教がいう「善い行いをすれば、福を得る」（タムディダイディ）と同じ道理である。この2つの故事から、他者を利する農業への協働支援が、同時に自らにも福を招くことを学びとれる。

途上国が取り組む問題に、日本の農業と市場戦略にとって参考になる経験もある。例えば、日本輸出向け農産物におけるGAPの取組みは、日本の消費者が求める食品安全にとって重要であり、農産物輸出振興のために各国市場が求める品質を知る機会にもなる。

途上国の普及員、行政とNGO職員、流通関係者、農家などが日本に研修に来て、日本の農業・農村の発展への普及と協働の経験について学ぶ機会も多い。彼らが、日本の経験のどこに注目し、自国の農業発展にどう生かせると考えているかを知ることは、日本の協働者にとって日々の活動をもう一度考えるよいきっかけになりうる。支援を通じて日本と違う社会と文化を知ることによって、日本の協働者も視野を広げ、人生がより豊かになることにつながりうる。

留意すべきこと　進んでいる技術を一方的に勧め、展示するのは、日本に限らず、先進国が陥りやすいやり方だといえる。かつて西アフリカのガンビアで、オランダがつくった大規模灌漑水田プロジェクトを訪ねた。同行したガンビアの社会学者は、今は素晴らしくみえるが、援助終了後、地元の農民がこれを維持するだけの収入を得られるか疑っていた。一方、小型ポンプを導入した台湾の稲作改善では、支援が終わった後も農家によって維持されている例から学ぶべきだ、と言われたことを思い出す。

実は、日本の農業発展も、同様に地道な改善の積み重ねによるところが大きかった。日本も戦前から基本食糧の自給を目標に掲げ、その達成のために研究と普及の連携が大きな役割を果たしたが、その土台には江戸時代から明治期にかけて、豪農たちによる農地開発や灌漑整備、優良技術の記録・巡回・出版など自発的な動きがあり、明治政府がこれを受け継いで生かした歴史がある[8)]。AKISに先駆けた協働の歴史であり、途上国支援もこの歴史から学べる。

つまり、農業開発支援で重要なのは、科学技術の敷衍よりも、その成果をいつ、どの条件の下で、在来の知恵と技とどう組み合わせて使うかであり、それこそが、日本でも途上国でも同様に求められる協働のあり方であろう。

日本の予算で途上国で協働の機会を得た場合、予算の使い方には、当然予算提供者に対する説明責任が伴う。しかし、最終的な責任は、協働の場に招く相手国にどれだけ貢献したかにあり、相手国の協働者、農家や農村住民に対する説明責任も同時にもっていることを常に心に銘じるとよいであろう。

現地での協働者の心構え[9)]　主役は農家、現地に学び在来技術を改良しながら、資機材は現地調達を基本とすべし。農家の創意工夫を評価して、農家のやる気を引き出す。彼ら自身が問題に気づき、課題解決に向けて立ち上がらなければ技術は定着しない。農家に反発されてもへこたれない。頑固者ほどやり出したら素晴らしい仕事をするものである。子どもたちに機材や作物を盗まれても大目にみる。彼らがもち帰るモノや情報は家族の話題となり変革につながる。教えに行くのではなく、共に喜びを得るために行く。(ジョン・コールドウェル)

協働者にはなぜ「協働学」が必要か

05

「学」とは何だろう。「知識の体系」などという定義はすでに陳腐だ。ある歴史学者の言い分に耳を傾けよう。「社会的現実への怒りや反発から人は学問に赴き、そうした怒りを欠いた学問の業績は痛切な問題意識を欠いていることが多くほとんどの場合読むに値しない」[10)]。私は深く同感する。「学」にするということは、現実世界を深く抱きしめていくために、この手を広げしっかりつかむ力を方法化することである。そのために、内からのまなざしと外からのまなざしを出会わせるのである（Ⅲ-Box 01）。内からのまなざしと無縁なところでつくられる「学」が横行している現代にあって、新しい学はこうした危機感の上に、こうした怒りの上に問題意識をもって建築されなければならない。

「学」とは「それでいいんだ」と、あなたの背中を押してくれるものだ。あるいは「その程度じゃダメだよ」と叱ってくれるものである。だから現実に満足しきっているなら、「学」はいらない。情報があればいいだろう。また現実に誠実に向き合っていない人間には「学」は邪魔になる。いらぬお節介に思えるだろう。

ところが、ほんとうに私たちが求める、そんな「学」はあるのだろうか。どこにあるのだろうか。そのへんに転がっている学は、ほとんどが徹頭徹尾、第三者の目で組み立てられている。協働学の基礎理論は、横山繁樹と林兵弥によって提案されている。それは専門家は「半当事者」、「二人称の立場」、「第二者」であることを自覚すべきだということに尽きる[11)]。

普及指導員の仕事をするときの視点（立場・資質）とは、もちろん当事者ではない。当事者は農家である。こう言い切る自覚が大切なところで、学者や研究者などは、自身が（研究の）当事者であることが少なくない。この立場の独自性はこれから本格的に理論化していかねばならない。

普及指導員（協働者）は農家に同化してはいけない。それは不可能だ、できないという自覚が必要だ。もちろん第三者的に振る舞うこともあってもいい。それでは第二者的に振る舞うとはどういうことなのか。農家に寄り添いながら、もう少し深い視点を提供することだろう。これは簡単ではない。

一つの答えを野口憲一が提出している。普及指導員は、第二者の人生を当事者にぶつけて、併走してきたのではないか、というものだ。野口は、第二者の人柄や思想までもが影響するという当然すぎて、あるいは厄介すぎて、誰も手を付けなかった領域に着眼している[12)]。

「科学の知」は、当然ながら科学でつかんだものであるが、農家の「経験の知」はいまだに「学」ではとらえれていない。その原因は「主観的だ（科学的でない）」と決めつけられてきたからだ。しかも「経験の知」は当事者にはあたりまえすぎて、表現しようとする動機がない。そこで先輩普及指導員たちは、第二者として介入し、それを農家に代わって表現してきた。

この「代わって」というところが私たちの「学」の核心だ。農家が表現すれば済むものを、なぜ第二者が表現しなければならないのか。当事者や第三者の表現だけでは、問題の構造が明らかにならないからだ。たとえば「新しい技術によって何が得られるか」は、当事者や第三者によって、すぐに明らかにできるだろう。ところが「新しい技術によって何が失われるか」は、すぐには分からないが、第二者の「学」では見えやすいものだ。それは、外からのまなざしと内からのまなざしをぶつけることで見えてくるものだからだ。

「協働学」とは、なによりも現実を見つめるまなざしの、内からと外からとの「協働」である。農家の気持ち・情愛・感覚・経験・思い出・価値観・自然観・愛郷心などは、内から見るしかない。それを科学的に分析して、法則性を見つける必要はない。そのままあなたも追体験すればいい。あなたが共感し、あるいは反発するからこそ、あなたの「助言」や「指導」は農家の心根に届く。これが「協働」の醍醐味であろう。健闘を祈る。（宇根 豊）

農業と農村の協働学がめざす世界とは何か

06

農業の縮小はやむをえないか　農業と農村は、社会的共通資本の一つ[13)]で社会が失ってはならないものである。だが、経済成長に伴う工業化・都市化や農産物輸入依存の進行で国内農業生産額の縮小や窒素等の物質代謝の歪曲化が進むなど、日本の農業と農村の再生産[14)]は大きく縮小して歪んだ様相を呈してきた。われわれの協働学の究極の目的は、こうした再生産の歪みを是正し、より良い姿を取り戻していくことにある、と筆者は考える。まず、2つの事例に注目しよう。

事例1　1つは、農産物直売所が、ついに年間売上高約1兆円の流通拠点に急成長してきたことだ（I-07）。それは、農政がモデルを上から示して始まった動きではなく、各地の農家経営の女性らが主体となり、生活改良普及員などが協働支援する中から草の根的な動きから始まり、地歩を固めて社会現象を創り上げてきたのだ。同時にそれは、農業者たちがこだわりの安全・安心な農産物や加工品をつくり、享受者である都市部の消費生活者がそれを熱く支持するという、生産と消費の生活者同士が相呼応し合って初めて実現できたものでもあった。

事例2　もう1つは、土地利用型経営の拡大と利用方式転換の事例である。水田作地帯では、1970年からの米の生産調整政策下で転作対応できない小規模農家等の作業を大型機械の導入などによって請け負う経営や集落営農組織等が生まれた。近年、そのなかから高度な機械力と耕畜連携などにより、「資源循環」や「環境負荷抑制」、「地力維持」、「雑草防除」を実現する一連の技術的優位性を形成し、美味しく安全・安心な農産物を安定的に消費者に産地情報とともに届けて高い評価を得る個別や組織経営の先進事例が各地に生まれてきている[15)]。

新たな「再生産の軌道」を拓く　以上の事例から次の2点が示唆できる。

1つは、「安全・安心」が単なる標語としてではなく、実際の農業生産過程において肥料農薬等の投入抑制や有機物投入増加などとして物質循環・物質代謝の回復や改善をも視野に入れた“こだわりのつくり方（農法）”が追求され、実現されているという点。もう1つは、それらを実際に享受する消費生活者や実需者に働きかけ、“プレミアムな評価”を勝ち得ているという点である。このように、生産者側から消費者側までの社会的な「再生産」過程の革新を積み重ねることは、新たな「再生産の軌道」とでもいうべきものを拓いていくことにつながる。今後は、その「再生産」の領域を農畜産物商品だけでなく、医学福祉的、社会文化的、自然生態的なところまで重層的に拡充していくことが期待される。

「再生産」に向けた協働学を起こす事業にあなたの参加を　とはいえ、その出発点は、あくまで農業と農村の現場において直面する問題解決に取り組む協働者たちの営為にある。現場にこそ問題を解決していく兆しやタネがあるからだ。同時に一つひとつは小さい動きでも寄り集まると、上述の事例からも推し量れるように思いのほか大きな力となりうるからだ。

農業の協働学の「物語」は、農業で自分や家族を養いたいと希望する「当事者」農業者と「半当事者」（Ⅱ‐Box 01）が出会い、前者の希望を受け止め、一緒にその手段や戦略を探ろうと、真摯な対話を始めるところから始まる。だが、その「物語」は、「当事者」の私的利益が実現されたからといってすぐには終わらない。良い実践は、私的な利益だけでなく共的にも公的にも利益をもたらし、ついには農業の新たな「再生産の軌道」を拓くことにつながっていく可能性をはらんでいる[15)]。私たちは「みな、もとは田舎をこそ頼める」（Ⅰ‐02）存在だ。圧倒的多数を占める今日の消費生活者たちがそのことをつかんで行動すれば、沈みかけた「田舎」を救うかもしれない。好きなものを食べるとき、もうワン・コイン出せば、「田舎」を元気にする共益や公益のタネを播き、農業と農村の「再生産」の是正に貢献できるかもしれない。私たちが提唱する農業と農村の協働学とは、そうした願いを共有し、各々が現場で積み上げた経験や実践の「物語」をみんなの知恵と知識に構築していこうとする試みである。あなたにも、この協働の知と機微を深める学にともに赴いて頂けないだろうか。（佐藤 了）

V

座談会

本書を深読みする

上田賢悦　秋田県立大学

林 兵弥　大阪府南河内農と緑の総合事務所

藤代岳雄　神奈川県農業技術センター北相地区事務所

横山繁樹　国際農林水産業研究センター、司会

渡部和彦　千葉県農林水産部担い手支援課専門普及指導室

そもそも協働とは何か

横山繁樹——まず、本書のタイトルの「協働」ですが、「共同体」の「共同」とも違うし「協同組合」の「協同」でもない。この「協働」とはそもそも何かを、林さんが、「Ⅱ－01 農業者・農家と協働するとはどういうことか」で簡潔に述べられています。

林兵弥——私が担当した原稿の中で、一番悩んだところです。協働するとはどういうことか自分もよく分かっていない中で書きました。私も普及指導活動にたずさわって年数は結構たちますが、農家と協働するという実感が得られたことはあまりなく、指導や支援という感じのことが多いのです。

「協働」を広辞苑で調べると「協力して働く」。「共同」が「同一の資格で関わる」ことだったので、それであれば協働というのは違う立場の者が関わるということだと思いつき、違う立場の者であれば、違う立場からの意見が求められるというところから書き始めました。

渡部さんが「農家力」（Ⅲ－Box 02 農家力を身につける）という言葉を使われていますが、私は農家出身ではないので農家力がないほうです。若い頃には「最近の普及指導員は農家出身じゃないのが多いから、農家のことが分からない」と批判的に言われたこともありました。しかし、農家出身だから良い普及指導員ということはないだろう、非農家出身だからこそ言えること、提案できることがあるのではないかという思いが昔からありました。それが、この違う立場の者が違う立場で意見をするということとピタッとはまりました。

その中で批判的に農業者を見るという書き方をして、上から目線で見ていると誤解されるのではと気になったまま編集委員に投げたところ、「建設的な批判」としてはどうかとアドバイスがあり、なるほどと思いました。違う立場の者、農家、普及指導員、研究者、民間のコンサル、税理士、デザイナー、そういう人たちが、同じ目的で違う立場からいろいろな意見を言い合って、1つのブランドなり、1つの先進的な経営を築き上げるというのが、建設的で協働につながるという考えに至りました。この建設的かつ批判的な姿勢で農家と対話して、同じ目的に向かって進めていくことが、協働のポイントではないかと感じています。

藤代岳雄——私は県に入って14年間試験研究を経験してから普及機関に移り、農業普及とは何かと非常に悩んだものです。あるとき、上司に「一緒に悩めばいいんだよ」と言われました。普及指導員はやはり当事者ではない。しかし、よそ者だからこそ見える世界があるし、少し離れた立場で第三者的に見ることもできる。そのような人間にできるのが協働というかたちなのかと感じています。農家とどういう関係になることが協働なのか、そこをまず考えてみる必要があると思っています。

上田賢悦——私も、協働者の定義について、協働の場をつくり上げるような機能をもっている人を協働者と言うのか、協働の場に参画しているすべての人たちを協働者と言うのか、どちらに定義すべきか悩みました。また、当事者と協働者を対にすべきか悩みました。農家、メーカー、普及指導員、営農指導員、行政、協働の場に参画している人たちすべてが協働者か。そうではなく、当事者＝農家は含めず、あくまで協働の場をつくり上げる機能をもちマネジメントする人が協働者か、どちらの視点で見ればよいでしょうか。

緩いつながりのAKIS、目的が明確な実践コミュニティ

横山——それに関わるのが「Ⅳ-03 協働の場としてのAKIS（農業知識情報・イノベーションシステム）」です。AKISとは、課題を共有する人々のネットワークで、大筋で合意できていれば誰が入ってもよい。旧来の村落共同体はメンバーが固定していて、よそ者は排除され新しいアイデアは受け入れない、それでは問題は解決しないという反省から生まれました。

立場や資格が違っても緩いつながりで関心を共有する人たちの中から、特定のテーマで、狭い意味での協働、一緒に会社をつくったり法人化して特産品を開発したり、具体的な活動に発展したのが「実践コミュニティ」（Ⅳ-02 農業の普及学から協働学へ）です。それは営利事業でも、趣味の集まりや村の神楽など文化的な事業でもいい。そういう広いところから狭いところまで、全部ひっくるめて協働と言っていいのではないかと私は考えて

います。多様な協働者の関係性を示したのが下の図です。

おおまかに、当事者（農業者と地域住民。課題を抱え、解決を図る）、半当事者（当事者と同じ目線で協働する農業普及関係者、行政職員、地域おこし協力隊員など）、第三者（その周りにいて、解題解決のための知恵、技術、資金などをもつ大学、研究機関、企業、行政など）という整理です。

第三者は、客観的な立場で物事を見られる人で、当事者や半当事者だけでは知恵が足りないときに、専門家の知恵をもらったり、企業の技術をもらったりするなどの一方通行的なものでもいい。半当事者は微妙です。例えば、最初は半当事者として入ってきた地域おこし協力隊の隊員がそこに定住すれば、当事者になってしまう。逆に、任期終了後は一切関係ない場合もあるかもしれないし、第三者として、緩い関係でつながり続けることもあるかもしれない。林さんは、「二人称」と表現されていますが、基本的に「半当事者」と同じということでしょうか。

林――基本的に同じだと思います。次頁の図は、普及指導員が農業者に対してもつべき視点を示したものです。確かに半当事者である普及指導員は微妙な立場です。最初、普及指導員は農業者の現状を見て、「この方法を取り入れると課題が解決できるのでは」などと第三者の視点から考えます。

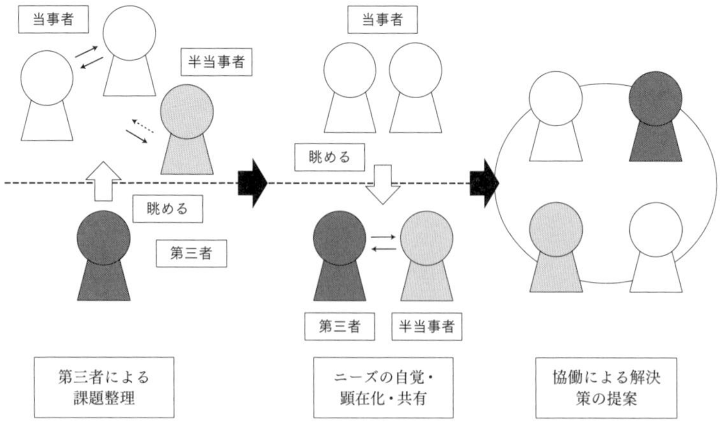

農業支援における半当事者の役割

出典：横山繁樹（2017）「共有と協働による農業支援」『耕』No.141

この客観的な意見が正しいとしても、農家は新しい方法を取り入れることに不安や、これまでのやり方にこだわりなどがあるので、なかなか新しい取組みを実行には移しません。そこを強引に進めると、「われわれのことを分かっていない」となって信頼を失います。

農家と話し合いを重ねると、そのような農家の考え方が理解できるようになります。だからといって、農家の不安に共感して「なかなか難しいですよね」などと言っているだけでは前に進めません。そこで、農家の気持ちに共感しつつ、客観的な意見を取り入れて、方向性を提案する視点が必要だと考えました。農業者が主体なので、農業者の視点を一人称の視点、第三者の視点を三人称の視点とし、農業者（私）と向き合う普及指導員（あなた）の視点を「二人称の視点」と名付けました。協働者には当事者の心情を理解する二人称の視点が必要だと考えています。

「協働の場」をどう機能させるか

渡部和彦――本書で取り上げた協働者は、何かやろうということに関わる人すべてを含むという意味で書かれています。しかし、集まっても物事が

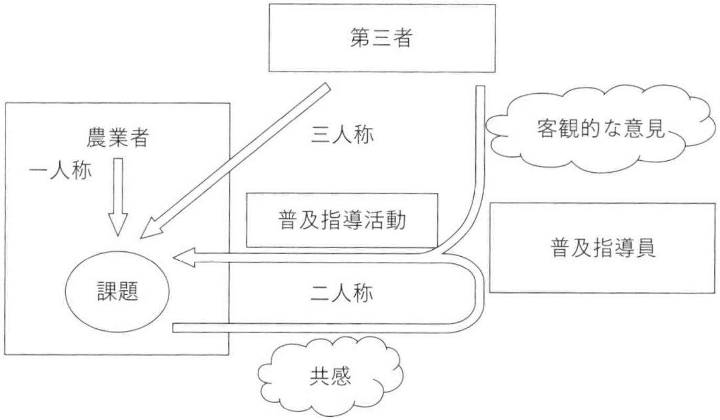

農業者の課題に対する普及指導員の視点
出典：林兵弥（2018）「普及指導活動の阻害要因とそれを解消する二人称の視点」『農業普及研究』23（1）

進まない場合があり、そのときに農業普及関係者のような協働者が入ることでうまくいく場合があります。

農業振興に関しても協働者と言われる人が最近増えてきて、その中で誰が中心になって全体のコーディネートをするのかというとき、ここは農協が前に立ったほうが格好がいい、ここは市町村が出たほうがいい、ここは農業者が前に出たほうがいい、とうまく手配りして表に立つべき人間が表に立てるようにするには、調和を図る機能をもつところが、ある程度シナリオを書いているところがある。農業普及関係者はもともとそういう機能をもってきた。私たちの先輩は、まだ合併前の村長や町長と普通に酒を飲みながら、これからどうしようかという話をしていました。それは普及指導員として、地域農業のために何が必要かという話をしながら、農業普及の役割を説明していた。農村社会はいろいろ変わっていこうとしていますが、このような役割を価値として残していく必要があると思います。

上田――私は農業経営者や後継者を対象としたビジネス塾を行っていますが、農業者はファシリテーションに興味を示します。この塾ではグループディスカッションを頻繁に行いますが、うまくやらないとただの雑談の場になってしまう。何かを生み出すための議論を成立させるには、ファシリテーション機能が必要です。「協働の場」には様々な人が関わるでしょうし、様々な議論が行われます。そのため、「協働の場」から何かを生み出す、知識創造するためにはファシリテーターが必要だと考えます。

私が示すファシリテーターを横山さんは「半当事者」と整理されていますが、私もそれに異論はありません。「協働の場」には異なる立場で様々な思惑（目的）の協働者が参画するので、その違いを認めた中で関わっていかなければいけない。そして、その「協働の場」を機能させる人、農業者を引き込める人が必要になる。

藤代――今の話に同感です。いろいろな立場がある中で、ファシリテーター的に相手と相手をつなぐ、立場が違っても尊重し合って、お互いの立場を明確にしつつ、つなげていく機能が協働には必要です。

林――上田さんが作られた図（本書67頁）がありますが、知識通訳者の役割を農業普及関係者が担うことになると思う。農業者が当事者で、農業経営なり集落の将来についていろいろな人が参画してきます。しかし、それぞれ立場が違うので、言葉が通じないことがある。その中で普及指導員は、農家やJAの立場や考え方さらには栽培そのものも分かるし、業者の立場も分かる。ブランドや産地化の取組みもある程度は分かっているので、その筋のプロではなくても、間をつなぐ役割ができる。

いろいろな人がいろいろな知恵を集めて1つの方向に進むというのが協働ですが、『農をつなぐ仕事』[1]でも、集落内外の関係者をつなぐ農業普及の役割が指摘されています。

横山――誰に知識通訳ができるかですが、『農をつなぐ仕事』と『聞く力、つなぐ力』[2]の共通点は、農業普及の役割を示したことです。住民は避難や移住ができるが、農地は動かせない。その農地で仕事をしている人も動かせない、逃げ出せないわけです。普及指導員は県職員ということもありますが、農業普及関係者としてその場から逃げられません。東日本大震災はまさにそういう状況だった。最初は安否確認や、がれきの後片づけから始まりましたが、そんな状況で「聞くこと」ができたのは、付き合いも長くその場から逃げられないという同じ境遇にありながら、当事者ではないという立場だったからだと思います。

協働者間で対立が生じたらどう調整するか

横山――建設的な批判でも、対立をもたらすことがある。協働者同士が対立するとき、どう知識通訳するか。知識通訳は単なる通訳ではなく、コーディネートも必要になる。対立には手段の対立と目的の対立があります（Ⅲ-Box 03 「対立解消」の手法）。環境保護を目的にする人たちと、その土地で経済活動をする人たちでは、環境を守る部分では一致しますが、後者は付加価値の手段にすぎなかったりする。手段は一見同じだが、そもそもの目的は対立している。それとは逆に、地域おこしという目的は同じでも、その手段や方法で対立することもある。現場ではどうでしょうか。

渡部――難しいですね。例えば、集落営農（Ⅲ-20 集落営農とはどういう方式か、どんなメリットとデメリットがあるか）の分野で活動経験があると、対立を目の当たりにすることもあります。その中でどう折り合いをつけ、どう決着するかということがある。一方、作物生産では致命的な対立はあまり起こりません。

藤代——対立もありますが、農村に入ると、良い意味でも悪い意味でも平衡化してなかなか動かないことが結構ある。それが農業・農村の近代化の妨げの原因であることが多い。近代化を妨げているいろいろなものをどう打破するかで悩みます。

林——目的が違う場合、目的が同じで手段が違う場合、どちらの対立解消が楽ということはないと思う。お互いの意見を聞きながら話し合いで解決するのが理想的な答えだと思いますが、農家同士あるいは農家と協働者で意見の違いが時として感情的な対立にまで発展してしまい、どうしようもないことがあります。

実際、ある作物の生産者をグループ化しようとしたとき、大筋はみんなで協力して1つの生産者グループをつくろうということでしたが、進め方のスピード感に違いがあり、話し合いで解決しようとしましたが、推進派と慎重派が感情的な言い合いになって結局決裂しました。1人の慎重派が出ていく結末になり、対立を解消できませんでした。現場にいると、方法論だけでは解決しきれない感情的なもつれも出てくるので、非常に難しい。

渡部——地域の対立の構図が見えた時点で、農協組織であれば部会役員、地域であれば農家組合長など、しかるべき人に仲介に立ってもらうのが常套手段で、感情的な部分がある程度沈静化した後に、「じゃ、また話し合いを再開しましょう」と普及指導員なりがコーディネートに回って再開するというパターンが多いのではないでしょうか。

藤代——そういう場合も普及指導員はかなり聞き役に回って、対立するAとBのグループ両方の話を聞いて、対立の構造を眺める。必ずしも調整役に回るのではありませんが、聞くという点では動く必要があります。今ある対立構造が何かを聞いて回ることは、必ずやる必要があると思います。

上田——メーカーや農業者でプロジェクトに取り組むときの対立は、意見や考え方ではなく、立場の違いでプロジェクトのゴールに対する認識の違いから起こると思います。私が関わったヤマノイモ移植機の例[3]では、対立解消のためには第三者の評価も必要だと感じました。世論やマスメディアなど含めた第三者がいて、その視点でプロジェクトが評価され、協働の場が注目されることで、社会的な意義が見出される。第三者からの評価を得られるようなマネジメントが必要だと思います。そこをうまくコーディネートするのが半当事者で、内からのまなざし、外からのまなざしで、内と外を往来する人がマネジメントできる。

新しい技術や近代化に対する距離感は農家によってそれぞれだと思うのですが、第三者の評価が、新技術や近代化に対する距離を縮める行動を促すきっかけになると思います。

「知識通訳」を提唱した末永聡さんが知識通訳と知識翻訳は違うと言っています[4]。翻訳は原文になるべく忠実に日本語訳しますが、知識通訳は、いわゆる意味として落とすこともあるのです。サッカー日本代表元監督のトルシエ監督が選手に言っているのをそのまま訳すと、汚い言葉もあって選手が落ち込むので、通訳は少し柔らかく話したり、あえて訳さなかったりしたこともあったそうです。知識通訳はそういうもので、忠実にすべてを訳すと反発を生んでしまうので、アレンジする。でも、情報を隠したり、自己を利するために伝えなかったりすると崩壊してしまう。そこは見極めて伝えることが必要です。知識通訳者は、やはり半当事者になるだろうし、内からのまなざしと外からのまなざしを行き来できること（農家力）が必要だと理解しています。

農家力はなぜ必要か

横山――これは上田さんが言われた、協働の場をつくる人と協働の場で参加する人という関係につながりますね。そこまで含めて農家力ですか。

渡部――農家力はその手前かもしれません。宇根さんの内からのまなざし（Ⅲ-Box 01 農業を内から見る、外から見る）とも関連しますが、相手のことをきちっと考えられる人間だと相手に認めてもらうには、農家力が左右する。私は農家出身ではないので、農家力はあまりありません。しかし、そういうことも包み隠さず農家に話しながら、自分自身をさらけ出した中で、自分の居場所ができれば話を聞いてもらえるようになりますし、やがて、農家の行事や物事を決める場面で影響できるようになるわけです。

欲しがっても、ないものは手に入らない。同僚が「お父さん、ちょっとトラクター貸してよ」と言って、その場で上手に運転するのを見るとすごいと思いますが、自分にないものは仕方ない。しかし、農家力はこつこつと自分で貯めていくことができます。現場での活動で、難しい場面のずっと手前のところで身につけてほしい力です。

藤代——例えば「あいつなら俺のことをよく分かっている」と普及指導員を認識してもらえる状態が、農家力をもつことだと思います。そのうえで、こっちが向こうの状態を見えないところまでよく知る必要がある。その2つがあって、なしうることかなと思います。協働は、表だけではなく、隠れているところまで見えていないとできないと感じます。

林——若い普及指導員は、自分が農家出身でなく農家のことを知らないと引け目に感じて悩むことがあります。定植作業、トラクターの運転などの経験がないから農家に何も言えないというように、問題を矮小化しているところがある。でも農家は、普及指導員が同じように作業できることを求めていない。農家でない子が普及指導員になって、「うちが農家でないから全然分からないんです」と言いながらも、いろいろな作業の話や日頃の生活の話などを話し合えるようになるのが農家力だと思う。そのためには、自分は分からないというところをさらけ出さないといけないし、農作業のとき、雨続きのとき、農家はどんなことを考えているのかと想像する力も要ると思うのです。

渡部——私は昔、耕作放棄地になりそうな集落の田んぼで、グランドカバープランツとしてヘアリーベッチという豆科の植物と秋に収穫するソバを組み合わせた粗放管理を提案したことがあります。これだと春から夏、夏から秋までをカバーできるということで話はすぐにまとまりました。70歳代が中心の耕作組合の人たちと一緒に取り組んだのですが、粗放管理のはずなのにソバが実るとみんな手で収穫する。私が「そのまま捨てておけば枯れるし、種は来年また用意すればいいじゃないですか」と言うと、

「渡部さん、農家というのはつくったら収穫するんだよ」と言われ「ああ、そうなのか」と思いました。

この人たちはソバ畑は草が少ないと経験的に知っていたのです。昔ソバをつくったことがあって、ソバ畑はなぜか草が少ないから、草抑えになることを分かっていて、はじめから収穫も含めて取り組んでいたのです。その活動は続いていくのですが、農家から教わったことの一つです。実体験として自分がその立場に身を置くことで農家力がつきます。

上田——私も農家出身ではなく、普及指導員になったときにコンプレックスがありました。しかし、農家力というのは農家になることではなく、トラクターに乗ることでもなく、農家の行動の背景を理解できる、想像できることだと思います。そのためには農家と関わった経験を自分で振り返り、内省できることが必要です。トラクターをまっすぐ運転できることより、いろいろな農家と接しながら、そこで経験したことをうまく自分に取り込める力が、結局、農家力というものになっていく。

信頼関係をどう築くか

横山——今までのお話で信頼関係が重要であることは分かりましたが、それをどう築くか何か方法論はあるのでしょうか。

藤代——難しいことですが、よく知ろうと誠意をもって接する、まずは対話ですね。特に聞くことから始まって、その人の内実をよく知ることからスタートする。それを積み重ねると、自然と相手もこちらを分かってくれるようになり、仕事上嫌なお願いをしても「おまえの言うことならやってやろう」という気持ちになってくれる。しかしそこに達するまでは長い段階があります。

私の経験でいうと、赴任した直後に講習会を予定どおりやったところ、「おれたちの聞きたいのはこれじゃないんだ」と言われました。それで私は「何でそれをもっと早く言ってくれないんだ」と言い返し、そこで本気のやりとりがありました。その後、専門家を呼んだり真摯に応えたので、その人たちとは今でも親しい付き合いがあります。赴任地から離れても電話がよくかかってくる間柄になった。

渡部――「リカバリー普及学」[5]では失敗を分類して、それぞれどういうフォローが必要だったかが書いてあります。失敗からきちんと学んで、それを先につなげていく中で信頼が生まれてくる気がします。「リカバリー普及学」ではケーススタディで、わが身に置き換えて自分の失敗を防ぐことができて、自分が信頼されるためにどう動けばいいかが学べる。

横山――渡部さんの「Ⅲ - Box 05 試作圃、実証圃、展示圃」では、やらせっぱなしにしないで共有しようと書かれています。失敗も成功も共有することが大事ですね。

渡部――大規模稲作では育苗ハウスを使い回すので、何度も種まきや育苗があって大変です。省力育苗技術に乳苗というのがあって、ある農家に勧めてやってもらいました。ところが私の伝え方が不十分で、育苗箱に敷くシートの選択を間違え、重ねた箱で根が下まで刺さってしまい剥がれなくなってしまいました。私の伝え方がいけなかったのですが、その方は「これでも何とか植えるよ」と言って、重なった箱を外しながら根を切って田植機に載せて植えてくれました。

大変な迷惑をかけたので来年はやらないだろうと思っていると、「最低3年やらないと本当のことは分からない、来年もやる」と言ってくれたのです。失敗しても、怒られなかった。ある程度人間関係ができていると、そんなふうに励ましてくれる。

横山――農業は自然相手で、環境も気象も毎年違う。毎年同じことの繰り返しでも、成功もするし失敗もする。ですから、普及指導員に言われたことをそのままやって失敗したとき、普及指導員は非常に大きな責任を感じるかもしれませんが、自然の包容力と同じような包容力が農家にもあるのではないでしょうか。

渡部――ある程度人間関係ができてからでないと新しい技術は勧めなかった。着任したばかりで生意気に「こうやったほうがいいですよ」と技術を勧めて「普及指導員の説明が悪かったんじゃないか」と疑問の残る結果で失敗したら、農家もそこまで寛容でなかったかもしれません。

現状をきちっと見て、タイミングを計って提案していくことが必要です。これは慎重だとか勇気がないということではなくて、正しい手順として、現場に自分の居場所がきちんとできてから仕事にかかるということが重要なんです。
藤代――農業だから何年かやらないと分からないという仕事に対する寛容さはあるかもしれませんが、それ以上に人を動かす力が求められると思います。さっき協働はつなぐ仕事だということがありましたが、逆にそれだけの影響力を及ぼすことができるのは、人を動かす力や熱心さであり、農家が普及指導員なり協働者の背中を見て動くくらいの影響力がないといけないのかなと、思っています。
林――農家のほうも、信頼していない人がいきなり来てこうしようと言ってもやらないでしょう。信頼している普及指導員だから、内心少し不安があっても、やってみようかとなり、失敗しても「あんたの言うことだから、しょうがないわ」みたいな感じなのではないか。そういう信頼関係ができるまでがやはり大事です。信頼関係ができていれば、頼んだことがたとえ失敗しても、何かそこから得られるものがきっとあると思う。
上田――個人間の信頼関係もありますが、私が現場で感じたのは、普及組織に対する農家からの信頼です。諸先輩が農家と1対1の関係の中で積み重ねてきた信頼が地域に蓄積されている。個人の段階で農家との関係性をつくるにはすごく時間がかかりますが、すでに組織と農家の間に信頼関係があることでそれを短縮できることをすごく感じていました。
　協働者というと個にフォーカスされますが、協働する組織が農業者と信頼関係を醸成していることが大事だと思います。
渡部――若い頃、農家へ行って先輩の名前を出されて「あの人どうしてる」と聞かれ、その先輩を知らなくて困った記憶があります。過去にその地域で活躍した先輩がどうしているかと聞いてくれるのは、農家にしてみれば新しく赴任した自分を見る入り口なのでしょう。
　ただし、それは最初の1回目だけ。そこから先どうしていくかになると、とにかく行かないと人間関係は深まらない。信頼関係をつくろうと思えば、頻繁に行くことに尽きると思う。
林――私の若い頃は、用がなくても行けと言われて、なぜ用がないのに行く必要があるのかと思っていました。『農をつなぐ仕事』にも書いてある単純接触効果で、とにかく行って話をして親しくなる、まずそこからだと思います。

技術がないから教えられないのは、若い頃は当たり前です。私の経験では、行って話をするのも大事ですが、篤農家に聞くと、気象や土の条件によっていろいろな工夫をしていて、例えばトラクターで耕す場合でも、畑の水の溜まる部分や乾きやすい部分などを見ながらやっていることが話をしているうちに分かってくる。その農家は「おれは大学を出てないから分からへんけど、これでいいと思う」などと言いながら、いろいろ考えて大学レベルの知識を経験で身につけている。素直にすごいと敬意をもちました。こちらが敬意をもって接すると、向こうも信頼してくれるようになります。

別に何かをしてあげるために行っているわけではなく、ただ話をしに行っているのですが、後々、頼みにくい展示圃を頼んだりできるような関係につながっていく。回り道ですが大事なことだと思うのに、それが最近なかなか伝わりにくくなっているように感じます。

藤代――用がないのに行くというのは、僕も大好きで、とにかく行って顔を見て、「どんな感じかちょっと見せて」と言うと、よく見せてくれました。そのとき心がけたのは、1つでもいいところを探すことです。相手に敬意を示すにはいいところを見逃さないようにして、さりげなく「こんなのどうやって考えたの？」と言うと、相手も許容してくれる感じはします。

渡部――「Ⅲ-04 農業技術の修得はどのように行うべきか」で紹介されているラーニング・ピラミッドを面白いと思いました。学習定着率のパーセンテージは、講義を聴くだけだと5%、本を読んで10%、見たり聞いたりして20%、実演を見ると30%、討議して体験すると75%、人に教えると90%。藤代さんの例では、農家へ行くのは実演を見るにちかい。「ちょっとやってみるか」と言われて、やらせてもらえれば75%。経験することは学びにもなるし、農家と同じ時間、同じ作業をやることができれば、それはその人自身の信頼にもつながるし、技量アップにもつながることになります。

若い人たちには講習会をやりなさいと言っていますし、自分自身もやってきました。あらためてこういう数字を見ると、講習会をやる講師が一番勉強になることが分かります。準備の段階ですごく勉強しますから、このピラミッドのとおりです。普及指導員は、業務として講習会をすることで、その地域の農業を勉強できることになるし、そういう立場で活動することで信頼が高まることになるのではないか。（横山注：ラーニング・ピラミッドに関しては例えば土屋による批判もある[6)]）

上田——現場に行くことを職場で評価してほしい。普及指導員だった自分の若いときも、その後、普及指導員の後輩を見ていても、そう思います。私が経営や担い手に関する仕事をしていたとき、支援対象の農家に「新しい事業をやると決めていたけれど、ちょっと厳しいかなと不安に思っていた。あなたと話をして自分の考えを整理することで、今は事業を始めるタイミングではないと思った」と後で言われました。

指導でなくてもいい。「Ⅲ - 02 協働活動に不可欠なコミュニケーションスキルの特徴と高め方は」に積極的傾聴と書きましたが、現場に行って農家の話を聞いて、自分の考えを整理できる手助けをすることで、信頼関係を築くことができる。何か特別な技術をもっていて「こんな技術はどうですか？」というより、現場に行って農家の話を聞いて、農家の決断を後ろ支えする行為でも信頼関係はできる。

聞く力はどうすれば身につくか

渡部——『聞く力、つなぐ力』で、普及指導員が話を聞くことでもう1回農業をやろうと立ち直った農家がいたと書いてある。やはり聞く力は大きい。これは大きな災害での出来事ですが、日常の普及指導業務の中でも、今上田さんが言われたことは頻繁にあると思う。「おまえの意見を聞きたい」と言われたとき、それに応えられるか否かが、その普及指導員の価値を左右する物差しの一つになっている。

上田——傾聴力は同意や同情ではなく共感することです。対象と自分を同一化するのではなく、その取組みに共感する、否定はしませんが、良質な批判をするということです。聞いているという気持ちを全力で見せる姿勢、態度、顔つきといったことだと思います。その中に、藤代さんが言われる、何か1ついいところを見つけるということもある。

藤代――農家と話しに行くことを評価してほしいですね。協働者は現場から切り離されると存在価値を失う存在です。聞く態度ももちろんありますが、テクニックだけでは推し量れないところがあって、農家と一緒に体験している時間なり場面が必要です。

林――大阪は2018年9月に台風21号の大被害を受けました。私も初めてというくらいハウスが軒並み倒れました。その辛い現場に行ったところ、普段は無口な農家がいろいろ話してくれるということを体験しました。聞くしかできないという状況ではあったのですが、農家は何かを期待しているわけではなく、とにかく話をして気持ちを分かってもらいたかったのだと思います。聞くことがどれくらい力になったか分かりませんが、農家は、何とか再建しなければいけない、でもお金もかかるしなどと話をすることで、何かもやもやしていたことを整理できているのではないか。そうであったらいいなと感じました。

それをきっかけにカウンセリング関係の本も少し読んでみましたが、基本的には同じようです。相手の話をただ聞く、評価しない、意見を言わない、とにかく受け入れる、受け入れていることを相手に伝えるように相づちを打つ。そうすることで、本人が悩みを解決していく方法を自分で考えるようにもっていく。

上田――ファシリテーションの技術とか、心理学やカウンセリングの技法は必要ですが、結局現場に出て相手の話を聞く経験を積み重ねなければいけない。そして、現場で聞く力と聞く行為を協働者自身が意識することが大事だと思います。

私は普及指導員のとき、産地づくりの取組みで、午後3時か4時くらいに農家が野菜集出荷所に出荷しに来るのをねらって、農協の担当者とお茶を飲みながらそこに2時間くらいいて、農家が順次、事務所に顔を出して担当者と話をしていくのを聞いていました。指示や指導・支援の場ではありませんでしたが、それを繰り返すことで産地のこともどんどん分かってきました。そういう場面をなるべく自分で意識してつくりながら、聞くことを意識していけば、その力はついてくると思います。

藤代——1対1の場合もあれば1対多の場合があったり、その場の理解度やフィールドによって聞き方も変わってくるし、その場をどれだけ理解して、何を聞こうとするのかによってリアクションが違ってきます。

渡部——話が聞けないと仕事もうまくできない。話すのが得意な人でも人の話を聞けないと、何か足りない感じがする。聞くのはコミュニケーションスキルとして、ある意味、語るより難しい技術かもしれない。ついしゃべりたくなるタイプの人であればなおさらです。どこかで訓練し、聞く力について考え直していかないといけない。

上田——普及指導員の人材育成でどんな研修があるのか、いくつかの都道府県にヒアリング調査を行ったのですが、いいなと思ったのがロール・プレイングです。伝える力も聞く力も習得するには経験が必要ですが、そういう経験はなかなか計画的に積めません。それでは人材育成にならないので、経験を擬似的につくるロール・プレイングを研修の中に取り込んでいる県があります[7)]。この研修では擬似的な経験の中で、聞く力も習得できるし、伝える力も習得できる。

経験から学ぶ、農家に育てられる

上田——私は、普及指導員を対象に「自身を飛躍的に成長させた経験」について聞き取り調査をしました[8)]。優秀な普及指導員は、レジ打ちのような機械的な作業の習熟ではなく、農業生産現場にある様々な事象や場面に適応できる能力を高めていることが分かりました。それは練習ではなく経験を積むことで習得する。経験から学ぶ部分が普及指導員は多いわけです。だからといって、自分の力で経験を積みなさいというのは人材育成の放棄です。現場経験からいかに学びとれるか、その学びとる能力をどう高めていくかを考える必要がある。それを人材育成として支援していくことが大切です。

経験から学びとる能力を高めるためには、その経験を内省することが大切になります。そして、自分で持論を組み立てて、それを現場で試すというサイクルを回していくことが重要になる。これは、具体的経験、内省、概念化、試行、の4つのステップからなるKolbの経験学習モデル[9]です。このサイクルを回すためには、職場内で周囲からの働きかけが必要であり、普及指導員であれば農家と関係することで、それがさらに促進されます。

私自身どうだったかというと、自分が成長しているときは経験学習サイクルなど意識していなかったのですが、経験から学ぶことを先輩、上司には助けてもらったし、篤農家からの問いかけが私を成長させてくれたなと感じています。

横山――農家にも、普及指導員を意識的に育てようというところがあったのではないですか。

上田――その意識はあったと思います。地域のリーダーの農業者は地域の後継者を育成するという意識もありますが、自分が関わる普及指導員も育てようという意識はあったと思います。

横山――もう一つ内省ですが、これは単なる反省とは違う。また、それを高めるための教育方法はあるのですか。

上田――反省は後ろ向きに過去（経験）を振り返る感じですが、内省（リフレクション）は自らの経験の意味を俯瞰的で多様な観点から振り返ることです。つまり、経験したことの中から次の活動に役立つと思われるエピソードを様々な観点から抽出することです。復命書を書くときに反省は書けますが、内省はなかなか書き込めません。それは先輩や上司とのやりとり、農家とのやりとりの中で気づき、生み出せるものかなと思います。

渡部さんが、後輩が現場から帰ってくると、「おまえ、今日何してきた？」と問いかけると話されていましたが、そういうことでこそ内省力が高まっていくと思います。

渡部――言われた若手は「俺、今日何してきたっけ」という話で内省につながる。自分自身に対する評価として整理できるのかもしれません。昔は毎週月曜の午前中に打ち合わせがあった。事務所の規模が小さかったので、所長、次長、係長がいる中で必要な指示伝達が終わった後、先週1週間の活動と、今週1週間の予定を1人ずつ発言する時間が必ずあった。

例えば、今はこの作物の植付け時期で農家を巡回しているとこんな様子だったというような話に加えて、今週はこんなことをやりますという先輩たちの話を聞きながら、順番がくれば自分も話す。必要な地域情報、自分1人で回っても得られない地域の動きが自然と手に入る仕組みが、事務所の運営にあって、先輩同僚のやり方、考え方、こういう場合にはこうすればいいのかなという、判断するための種がもらえた。

林——昔はいろいろ話す時間、余裕があった。若手は若手同士で言い合ったり、先輩や上司と話す機会も多かった。その中で上司や先輩から何をしろという指示はあまりない。むしろどう考えているのかと聞かれ、それで考えをまとめて言わざるをえないという感じでした。どう考えているのか問われれば、やはりこちらも返事をするために考えるわけで、それが内省ということになるのだと思います。

われわれも同じだったのかもしれませんが、最近の若い人は、普及指導活動にはマニュアルや形式がないので、どうしたらいいのかを求めたがる。どういう普及指導員が求められているのか分からないと言われたことがあります。逆に「あなたはどうなりたいの？」と思いました。自分で話をして判断して、先輩のいろいろなやり方を取捨選択しつつ取り組むことです。普及指導員はもっと自由な存在であっていい。内省力を養うためにいろいろな話をすることが必要です。

藤代——私は農業普及の経験がないまま、試験研究からいきなり普及指導を担当して、研修があったわけでもなく、普及指導のトレーニングを全く積まなかった。「どうすればいいんですか」と先輩に聞くと、「おまえは挨拶だけできればいい」と言われて現場に行きました。

技術的には試験研究で十数年の経験があったので、すぐにトレーナーとして教育係になり、若手の普及指導員と一緒に行って話を聞いてくるのですが、場数を踏んで自分が思ったのは、農家は単純に質問の答えが欲しいのではなく、聞いてほしいということがある。農家が何を求めているのかを感じ取る、それが内省という言葉に表れてくると思います。その農家が実際何をしたいのか、自分で何をすればいいのかまで、最終的には農家に考えさせるような間の持ち方ができればいいのかなと自分の体験から思っています。

農家に考えるきっかけを与える

藤代――今まで農業普及では「考える農家の育成」とずっと言ってきましたが、結局はその人が何を考えているかをよく知り、最終的にその人は何をしたいのかをはっきりさせることを訓練することだと思います。技術に関しては、実は即答性をそれほど求められていないことが多い。自分で調べたりベテランに聞けば分かることが結構多い。

渡部――その人が自分自身で気づいて頭が整理できている場合もありますが、思いついて、「この間お父さんが言っていたことを具体的に紙に書いてきました」、「計算してみたらこんな感じでした」と、目に見えるかたちにすることをやりました。相手の考えを整理してあげるためです。

農家は聞いてもらうことで満足しますが、さらに具体的なかたちにした資料があれば何らかのヒントをもらえる。それで、相談しようという気にさせる。そんな人材がいるのが農業普及という組織ではないか。

今日農家の庭先でこんな話があったと内省することをきちんと自分の習慣にできる人は伸びが速い、自身で成長していく気がします。

今の都道府県の若い職員は、普及指導員の資格試験を受ける必要があり、割と早めに自分なりに普及方法論みたいなものをもたなければいけない。少しかわいそうな気がします。自分自身振り返ってみて「農業普及ってこういう仕事なんだ」とか「これが普及指導員の役割なんだ」と自覚できたのは6年目くらいです。

林さんの話のように、どんな普及指導員になればいいか分からないといういらだちがあるとしたら、3年目で普及指導員の資格試験にパスしなければいけないというプレッシャーがあるのかもしれない。じっくり農家と付き合って、その中で認めてもらって、人間関係ができていく中で自分の役割をしっかり見つけていければいいのかもしれません。

林――研修をしていると、皆答えは書けます。例えば農家の話をよく聞くとか、農家の立場に立って考えるとか、地域の現状を把握するなどの基本的な普及指導活動の答えはきちんと書ける。ですが、どうも自分で実感できていない。何か1つでもいいから農家から感謝されて嬉しかったというような実感が乏しいように思います。

答えは書けるが、それを実感できていないからうまく実践できない、あるいはそう思い込んでいるのではないか。確かに試験を受けるために勉強はしていますが、現場での実際の経験から何か感じ取ってほしいと思います。

藤代——林さんは、提案したことが実際にできているかを現場に行ってよく見て、どうしてやれていないかをよく考えなければ駄目だと書いています（Ⅲ-Box 07 講習会の意義と方法）。そういうトレーニングはすごく大事です。普及指導員が提案して農家がやると言ったことを、実際にはやっていないことが結構ある。

林——若い普及指導員は先輩の経験を聞いて、農家はそう簡単に実行しないと頭では分かっていますが、実際に農家がやっていないと落ち込んで帰ってきます。ただ、そこで、なぜやっていないのか、どうすればやってもらえるかをしっかりと考えて、こういう方法ですればいいというところまでいければいいのですが、その前に落ち込んでしまって、自分はまだまだできていないとなってしまっている。

物語をともに紡ぐ

横山——林さんは、理論化できないものは「物語」にすればよいと書かれた[10]。物語は経験に基づいてつくられたフィクションですが、それを「学」にするためには、抽象的、一般的な定義をしなければいけない。誰がやっても同じ結果が出るような方法論を提案しなくてはいけない。抽象的な定義があって方法論があれば、学校でも教えられる。経験と物語と学、それらの違いと連続性はどう考えればよいですか。

林——「物語」と私が言うのは、私という普及指導員が農家にこんな話をして、こういう提案をしたら、Aさんはきちんとやってくれたが、同じことを言ってもBさんは反対した、Cさんはこうだったということです。

普及指導員は人に働きかける仕事である以上、同じ方法論を取ればすべてうまくいくという決まり切ったものはない。Aさんとの間ではこんなやりとりをして、最初は反対していたが、そのうち賛成してくれたなど様々なケースがある。それを物語と呼んでいます。

Aさんとのやりとりは一つの経験ですが、それは単に成功した失敗したというだけではなく、最初はうまくいったが、何かの原因で失敗したという物語です。経験というと、うまくいったとか失敗したという結果になるかもしれませんが、物語は相手のいろいろな心の動きも含めたものです。

そういう様々な物語を総合して「学」にまでいけるかどうかは、なかなか難しい。ですが、人に信頼されるつながりを築くためにどうすればいいのかについては、個々の物語を重ねていくと、何らかの方法論、例えば誠意をもつとか、足繁く通うとか、相手に対する敬意をもつというような共通項が出てくる、それが学につながるのではないかと思います。

上田——「物語」というのはすごく腑に落ちます。指導・支援・情報の提供と結果のアウトプットだけでなくて、その中にあるものをしっかりとらえる。そこには農家生活や、地域内の農家同士の関係性、普及指導員の態度とそれに対する農家の認識があるなど、いろいろなものが詰まっている。ただ単にインプットとアウトプットだけみるのではなくて、そのプロセスの中にある様々な出来事、物語に普及指導の面白さ、みるべき点がいっぱい詰まっている。

横山——自分たちの将来ビジョンを描き、その実現のために具体的な方法・手順を考えるのが「希望学」[11]ですが、それは物語をともに紡ぐことだと思います。

物語には、登場人物がいて、場、環境があって、時間の流れがある。時間の流れは重要で、どのタイミングで誰に何を言うかで、その物語の結末が大きく変わる。

藤代——普及指導員と農家で何かしら技術や知識の伝達をしようとするときの初期段階は、全く道が見えない荒野に道を切り開くというか、一寸先も見えない状況で、手探りしながら信頼を深めていく。

それは道路の建設と似ているところがあって、最終的に舗装されるとものすごいスピードで進めますが、最初は非常に時間がかかってしまう。

横山——道を開くところから始めろと言われると、若い人は安心するのではないか。誠意をもって接しろと抽象的に言うのではなくて、まず藪の中に1本の道を通すのに必要な作業はこうではないかと言ってもらえば、すぐに結果は出なくても、若い人は安心するのではないかと思います。

それが人を育てることにつながるのではないでしょうか。

上田——物語は記録に残すべきです。この学会での報告も「物語」の報告でいいと思う。私は物語をしっかりと残して、後輩の財産にしてあげたいと思っていたので、意識的に学会報告をしました。協働はたぶん「物語」だと思う。インプットしたら次の日にアウトプットが出てくるのではなく、そこに道を開くことから始まっていろいろな試行錯誤があることを物語として意識的に記録することが、次の世代の普及指導員を育てることにつながる。協働学にはリアルなところが必要だと思います。

林——農家とのリアルなやりとりは非常に大事です。それこそ、どの場面で何を言うか。最初は手探りで、展示圃を頼みに行くとき、相手がどう反応するか全然分からない。「上からやれと言われました」と本音を言うと、「それなら、しゃあないな」と言ってくれる相手もいれば、「だったら、やらないよ」と言う人もいて、「こういうことを普及したいためにやっているんです」という正論を言ったほうがいい人もいます。それこそ本当に手探りです。

物語でもやはり会話が大事です。こう言うと相手はこう言ってきたというリアルなやりとりがある。いろいろな場面で会話をしながら相手を知っていくのが、普及指導活動だと思います。

渡部——他の先輩、同僚、後輩がどうやっているかは参考になる。きちんと自分の居場所ができていないうちは、特に新しい提案はいくら言ってもなかなか受け入れられず、なかば捨て鉢になるときもありました。だんだん地域が合わせてきてくれるというか、こちらに耳を傾けてくれるようになってくるので、そんな話も所内で共有できる。

記録として残して語り継ぐ、生の普及指導活動、出来事、物語といったものが後継者世代の育成に効果があり、貴重な財産になってくるのではないか。ノウハウの部分ですから、「あの頃携帯電話はないでしょ？」ということはあまり関係ない。昔はこうだったよという話でも若い人たちは聞いて、そこに何かヒントがあるか自分で判断してほしい。

今はそういう時間があまりないのが、普及指導員の悩みにつながってしまうのかもしれません。

横山――物語は単なる記録ではない。シェークスピアや源氏物語は、今でも読むと感動するから残っているわけです。経験談を積み重ねる、記録として残すことも重要ですが、1つのストーリーにちゃんと仕上げる。多少脚色が入ってもよいかもしれません。

渡部――普及指導員の心の記録がちゃんとないといけない。そのとき、農家が初めてこう言ってくれて、とても嬉しかったというようなものが記録の中にないと、語り継ぐべき物語にならない。たぶん皆さんもそうでしょうし、私もいくつかそういう経験があります。公用車の中で思わず「よしっ！」というみたいなものが語り継ぐべき物語の価値なのかもしれない。

横山――普及指導員の情熱が大切だと言われても、情熱は普通の学問の対象にはならない。でも、それは協働学では課題にすべきだと思う。どういうことが自分の心や相手の心を動かして、そのとき自分がどう感じたか、それは非常に重要なことで、物語として残す意味があると思う。「リカバリー普及学」は一つのやり方です。

上田――私は「リカバリー普及学」を、新人普及指導員の研修の中で、ケーススタディの素材にしています。こういう結果になったが、どう対応をすればよかったかをグループで考えて発表させていますが、あれは非常にいい財産です。

渡部――千葉県でも使っています。3年目の研修で、自分の失敗の1つをレポートにまとめてきなさいと。それが「リカバリー普及学」の中の分類のどれに該当するかも記述させ、そのレポートを研修生同士で交換して、どうすればよかったかを議論します。みんながどのようにリカバーしているかがよく分かったと研修生の反応もよいですね。

民営化が進む中での公的普及指導の役割

横山——テーマを民営化に移します。必ずしも民営化＝サービスの有料化ではない。サービスは無料だが、提供するのは民間会社という場合もあるし、公的機関が有料のサービスを提供する組合わせもある。民営化が進んでいるヨーロッパではそれがかなり複雑に組み合わされています[12)]。

藤代——今は民営化されている部分も非常に多い。公的な普及指導員が考えなければいけないことは、地域なり農業者が最終的にどういうかたちになるのが望ましいのかです。そういうビジョンを考えられるのは、生活からはじめいろいろな情報を収集している、公的な普及指導機関かなと感じています。

しかし、普及指導機関が全部担うわけではなく、民間との連携、農協や行政と緊密な連携をとらなければ達成できない部分がある（Ⅱ-11 農業指導の民営化の現状と今後の方向性は）。

渡部——民間のほうが強い部分は結構出てきています。千葉県の普及指導センターでも、病害虫の関係は、農協が農薬メーカーや種苗メーカーを呼んで講義してもらい、生育状況や今後の栽培の留意点は普及指導員が講義するとか、メーカーも講習会に積極的に取り入れられてきています。スマート農業の分野では新しい田植機やドローンなど、メーカーは使い方を教えるだけではなく、データを農家と共有しています。

農家にしてみれば、情報チャンネルが増えている。機械、資材や農薬については、公的でなければ駄目だという理由はなくて、民間でも公平性が担保されていると思います。コンサル業務でも、農業が得意なコンサルが、今はだいぶ増えてきました。

横山——誰に何を頼み誰から何を買うかというときに、自分が信頼している人から紹介されると安心できる。普及指導センターから紹介されると安心できるという面があると思う。

渡部——農家が「あいつに相談してみようかな」と思うかどうかは、普及指導員によって分かれるところだと思います。普及指導員は、相談された技術などについて十分な情報や判断基準をもっていないと有益な回答はできないし、農家も普及指導員に聞いてよかったとは思わないでしょう。

そのためには、民間の技術者と同等かそれ以上の何かが必要です。農業用ビニールや農薬、肥料などであれば、現場でその良し悪しについて自分なりに観察して見解をもてたのですが、最新の機械になると、よく分からないところがある。無理をせずに、民間に委ねてしまうということもあるのかもしれない。

林——民間の技術について、良し悪しの判断を農家から求められる場合があります。肥料や、最新のスマート農業など、企業、メーカーはそれが売れるように良いことを宣伝するが、100％信用できるか、リスクはないのかという判断が公的普及指導機関に求められる。公的普及指導機関であれば中立・公平な立場で判断できるだろうと、農家が信頼して相談してくれているのだと思う。それに対して、それなりの見解をもって返さないといけないとは思いますが、農家は民間技術の良し悪しの判断だけのために相談しているわけではない。

スマート農業、例えばドローンや最新の機器はわれわれも扱い方すら分からない。民間で開発した人が指導するしかなく、われわれの力がメーカー以上になることはない。公的な普及指導としては、スマート農業が農家の経営全体にどう関わっていくか、経費がどうなり、その地域の栽培体系に取り入れられるものかなどの総合的な判断、アドバイスにならざるをえないという気がしますが、農家が求めているのは、そのあたりではないか。

藤代——民営化が今のように進む前から、普及指導機関でなく、農業試験場が農業指導する場面はありました。そのことについて考えてみると、普及指導機関は圧倒的に農家や地域を知っていて、いろいろな場に触れる機会が多い。

試験場は、研究開発の時間がなくなってしまうので、そこまではできない。民間の指導と公的な普及指導との垣根は低くなっていて、ほぼ同じようなことをやっていたりしますが、やはり農業普及はその使命から現場をよく知っている。そこが生かすべき強みではないかと思います。

上田——コンサルを連れてくる、IT農業に関するメーカーを連れてきて展示圃を設置する、農業試験場の研究員を研修会の講師に招くということもマッチングですが、農業普及の機能は単なるマッチングやコーディネートではない。

農家や地域の実情の把握が不十分で、農業経営の特殊性を理解しないままに民間の専門家が商工業の視点からアドバイスやコンサルをしてしまうと、現場のニーズからずれることは多々あります。民間の専門家と農業者との間を、手綱を引くように上手にマネジメントをすることが大事です。それが普及指導員の仕事だと思う。うまくマネジメントするために公的な部分が求められる。普及指導員はマネジメントを担う半当事者であり、プロジェクトという同じ舟に乗る協働者なのです。

技術と技能、形式知と経験知

横山——今の議論と少し重なりますが、スマート農業との関係で、技術と技能の違い、もう一つは形式知と経験知の違いは何でしょう。

渡部——例えになるか分かりませんが、若い頃に「おめえら、やったことないくせに、よく知っているんだよな」と言われたことがあります。この時期になればこういう作業をするとか、こうやるという知識はある。しかし、やったことがないので、やらせるとできない。

農家はそれを許容して一応普及指導員として扱ってくれる。知識＝技術というのは、そういう意味では実技が伴わないというイメージです。技能になると、手がものを言う世界だという気がします。

林——考えてみれば不思議です。農家が、栽培もできないわれわれの言うことを聞いてくれるというのは。

渡部——それは、われわれがもっているものから、自分が次のことを考える何らかのヒントが得られると期待しているからでしょう。1日ソラマメを管理しても地域の情報は何一つ入ってきませんが、普及指導員が来て15分しゃべってくれると、隣近所のソラマメの様子がみんな分かる。

普及指導員は「ちょっと入らせてください」と言って農家の畑にずかずか入るけれども、農家同士では、他人の畑に入っていけませんから、普及指導員が来てくれることはお得なはずなんですよ。こいつらはつくれないが、知っているということで。

藤代——実際の農家の仕事として技能の部分は非常に絡み合っていて、言葉で表せないものが作業体系に組み込まれている。それを普及指導員は理解できていないのですが、農家側から見ると、普及指導員の技術の話から何か得るものがあるようです。

横山——ポランニーは、人は自分が語れる以上のことを知っていて、それが暗黙知だと書いています[13)]。自分にその知識があること自体気がついていないわけで、それを形式知化することはできない。藤代さんが言われたことは、農家の暗黙知を引き出して、ある程度一般化する、実はあなたはこういうことができて、知っていると、相手に気づかせることではないでしょうか。

形式知化することはできないにしても、上田さんの内省に関わりますが、暗黙知をもっている人自身が自分の技能をあらためて理解する。スマート農業でいろいろな技術の選択肢が増えていく中で、本当に自分が必要な技術は何かを自分自身で考え、気づかせることが普及指導員として大切なことかもしれません。

もう一つ気になるのは、民間の経営コンサルとの違いです。農業普及を民間の経営コンサルに置き換えることができるのかどうか。

渡部——法人化を相談された農家に、県の事業があったので民間の経営コンサルに行ってもらったとき、オブザーバーとして立ち合い、農家とコンサルとのやりとりを聞いたことがあります。コンサルは最終的には結構しっかりした答えを出してきました。そういうノウハウが民間の中にできてくれば、コンサル業務をするのは普及指導員に限った話ではなくなるかもしれません。

林——大阪府でも、経営改善のためにコンサルや税理士、中小企業診断士を農家に派遣する事業を行っています。民間のコンサルは、数字を分析して経営の中身を見ることはできますが、気になったことがあります。

施設栽培でナスやキュウリをつくっている農家が、露地でもサトイモをつくっている。それは収益的には儲からないし重労働なのでやめたらという話になったのですが、サトイモは祖父の代からつくっていて、昔はその地域が産地だったのが減っていってハウス野菜に切り替わったのです。祖父のつくったサトイモはとても美味しいので、儲からないがずっと続けていて、家で食べる分だけでなく売って、絶えさせたくないという話をしたのです。

経営としてはマイナスですが、それは普及指導員としては理解すべきだと思う。もちろんコンサルも、その人やその地域をよく知っていればそういう気持ちも分かるようになるのでしょうが、地域や農家に対する愛着という感覚は民間のコンサルではなかなかもちにくいのではないか。実際われわれは、サトイモの栽培はやめないでそれも踏まえたうえでの経営計画を立てる方向に動きます。やはり農家の意向を深いところまでくみ取るような存在が要るように思います。

過去との協働、未来との協働

横山—— 2019年の普及学会のシンポジウムで、野家啓一先生がアメリカ先住民族の話をされました[14)]。寄り合いで物事を決めるときに、今自分たちが決めたことが7世代後にどう影響するか、そこまで考えて物事を決めるという話です。7世代というと200年以上先。今の林さんのお話はそういうところにつながる可能性がある。

収益性だけ考えるとやめてしまうほうがいい。もしかしたら農家自身もおじいさんは大切にしていたが、後継ぎも興味を示さないので内心やめたいと思っているかもしれない。しかし、地域の歴史に詳しい普及指導員が、この野菜は江戸時代から伝わる伝統野菜で、あなたがやめたら次の世代には伝わらないと言えば、農家の考えが変わるかもしれません。

農家の私益と公益には当然ジレンマがある。やめてしまう農家がいる一方で、それを引き継ぐ農家もいるとすれば、それをつなぐのも農業普及の仕事です。最終的には農家の判断ですが、何かを選ぶときには必ず複数の代替案がある。通常、民間のコンサルは収益性という1つの価値基準で最適案を提案する。農業普及であれば、その人が選ばなかったものに対しても何かケアをするのではないでしょうか。

藤代――集落の合意形成は非常にエネルギーの要る仕事です。集落営農などの合意形成で、こういう方向性にしていったほうがいいと提案できる機能は、現状では民間のコンサルではなかなか難しい気がする。

渡部――自治体がコンサルを頼んで地域振興の企画を作るのを見てきた経験ですが、地域の特性というよりは、どこかで成功したものをそのまま当てはめているものが多かった印象が強いですね。民間のコンサルと農業普及と自治体と農協と農家、試験研究も加わって、集落営農などの大きな課題はそれこそ協働の中で実現していくことが望ましいと思います。

横山―― AIがどこまでいくか。価値判断を与えてやれば、それに応じた意思決定はAIでもできる。しかし、目標そのものを決めるときに、経済価値、環境価値、おじいさんが大切にしていたなどいろいろな価値がある中で、価値判断はAIにはできないし任せるべきでもない。

価値判断は農家自身の中でも揺らいでいるし、集落の中でも当然対立がある。最終的に残るのはそのあたりではないか。自分にとって何が大切なのか。あなたたちが今ここでする決定によって3世代後までは残るかもしれないけれども、7世代後にはなくなってしまうかもしれませんよ、というような問いを投げて、一緒に考えるというか悩むというか。

渡部――おじいさんが生きているうちは田んぼをやめられない、次世代の次の世代は田んぼなんか本当はもうやりたくないが、おじいさんがいるうちはしようがない。そういうとき、普及指導員はおそらくやめさせるほうには動かない。それをのみ込んで経営が回るようにどうするかと考えてしまう。そう考えること自体が民間の常識とは違うのではないでしょうか。

藤代さんが言われた地域全体をみられるかどうかということです。地域のことを知っているのが強みかもしれません。地域振興計画にしろ経営改善にしろ、それぞれの課題に応じてどちらかを選択してもらえばいいと思います。

林――選択肢が増えると考えればいい。民間の第三者は、経営を純粋に判断すればこのようなかたちがいいと提案しますが、われわれはどうしても農家の心情をみてしまいます。農家がこうしたいと言うのであれば、それも含めたうえでこういう案もあって、どちらにしますかと提案します。農家にとっては選択肢が増える。

渡部——先ほどの話でも、法人化しても十分やっていけるという判断が出れば、次は法人化のアドバイスをすることになり、具体的には、千葉県の場合、法人化についてノウハウをもってあちこち動いている機関があるので、その担当に来てもらいます。面接して、来年に向けて何を準備するかなどと具体化すれば、「法人名はどうする」、「変わった感じのカタカナがいい」、「漢字で名字を付けた○○農産だけはやめてくれと従業員は言っている」、「そういうのは少し時代遅れかもしれませんね」、そんな話をわれわれはしている。

その段階ではコンサルのアドバイスはとうの昔のことになっていますが、ある意味われわれも活用しているのです。

藤代——個別経営への対応で経済計算が可能なものであれば、民間に切り替えてもできると思います。公的な普及組織が制度的に恵まれているのは、地域の情報を集約して連綿と残していることです。かなり昔からの歴史を押さえているわけで、そこは結構強みかなと思います。

横山——野家さんは、歴史は流れるのではなく積み重なるとも言っています[15)]。新しい制度や技術が古いものに取って代わるのではない。土台の部分は、変わるものと変わらないものがある、変えてはいけないものもある。変わるにしても、古いものを捨て新しいもので置き換えるのではない。

つなぐのは、同時代に別の場所で生きている人々をつなぐということもありますが、過去の人と現在の人、未来の人をつなぐ意味もある。7世代先のことまで考えるためには、7世代前にも思いを馳せる必要がある。林さんの冒頭の発言「協働とは立場の違う者同士の協力」に戻れば、過去の人との協働、未来の人との協働まで含めて考えなければいけない。協働学の入り口にたどりつけたでしょうか。ありがとうございました。

文献

Ⅰ 農業・農村をみる視点

1） 和辻哲郎（1935）『風土―人間学的考察』岩波文庫（1979）
2） 国連世界食料保障委員会専門家ハイレベルパネル著、家族農業研究会訳（2014）『家族農業が世界の未来を拓く』農山漁村文化協会
3） 柳田國男「海上文化」『柳田國男全集2』ちくま文庫（1989）
4） 鴨長明『方丈記』吉川弘文館（2019）
5） M・ウェーバー「古代文化没落論」、堀米庸三訳（1962）『ウェーバーの思想』河出書房新社（世界思想教養全書18）
6） ハーマン・E・デイリーとジョシュア・ファーレイ著、佐藤正弘訳（2014）『エコロジー経済学』NTT出版
7） 岩元明久・三輪睿太郎（1985）「我が国の有機物動態と地力」『圃場と土壌』196・197合併号：148-157頁

Ⅱ 協働のかたちと協働者への期待

1） 山下祐介（2018）『「都市の正義」が地方を壊す―地方創生の隘路を抜けて』PHP新書
2） 農林水産省生産局（2015）「協同農業普及事業の実施についての考え方（ガイドライン）」
3） 林兵弥（2018）「普及指導活動の阻害要因とそれを解消する二人称の視点」『農業普及研究』23（1）：90-95頁
4） 東京大学社会科学研究所編（2009）『希望学 第1巻 希望を語る』東京大学出版会
5） 横山繁樹（2017）「共有と協働による農業支援：農業現場における「半当事者」の役割」『耕』No.141
6） 総務省（2009）「地域おこし協力隊推進要綱」
7） 桐谷圭治・中筋房夫著（1977）『害虫とたたかう―防除から管理へ』NHKブックス
8） 石井米雄（1975）『タイ国―ひとつの稲作社会』創文社
9） 金澤夏樹（1993）『変貌するアジアの農業と農民』東京大学出版会
10）藤田康樹（2010）『農業普及指導論』東京農業大学出版会
11）川俣茂（1994）『新普及指導活動論』全国農業改良普及協会
12）村上利夫（1982）『実践農業指導論』農業図書
13）福嶋路（1998）「成熟市場におけるイノベーション」、伊丹敬之・宮本又郎・加護野忠

男・米倉誠一郎編『イノベーションと技術蓄積』有斐閣
14) 伊丹敬之 (2005)『場の論理とマネジメント』東洋経済新報社
15) 末永聡 (2004)「農業における普及職員の橋渡し的役割に関する研究―知識通訳の視点から―」『農業普及研究』11 (1)：85-94頁
16) 田柳恵美子 (2003)「産官学セクター間に横たわる3つの障壁―価値基準のギャップ・技術のギャップ・組織のギャップ―」『研究・技術計画学会第18回年次学術大会講演要旨集』47-50頁
17) コールドウェル・ジョン・S (2018)「世界的視野で日本の農業普及を考える」『技術と普及』55 (3)：19-29頁 (アメリカ、ヨーロッパの普及支援に関する記述)
18) コールドウェル・ジョン・S (2000)「ファーミング・システム」、コールドウェル, J. S.・横山繁樹・後藤淳子編『ファーミング・システム研究―理論と実践』22-40頁、国際農林水産業研究センター (原典はCaldwell, J. S. (1994) Farming Systems. Encyclopedia of Agricultural Science, Vol.2: 129-138.)

Ⅲ　協働の作法

1) 筧裕介 (2019)『持続可能な地域のつくり方：未来を育む「人と経済の生態系」のデザイン』英治出版
2) 足立英治 (2017)「コミュニケーションマネジメント」秋田県次世代農業経営者ビジネス塾2017資料
3) (社) 全国農業改良普及支援協会 (2007)『普及指導員のための道具箱』40頁
4) 神保信幸・青柳森一・村井正和 (1992)「トンネル冬春どりダイコンの生育に及ぼすべたがけの影響」『千葉県農業試験場研究報告』第33号：67-75頁
5) 桐谷圭治・中筋房夫 (1977)『害虫とたたかう―防除から管理へ』214頁、NHKブックス
6) 川俣茂 (1997)『増補新普及指導活動論』全国農業改良普及協会
7) (社) 全国農業改良普及支援協会 (2007)『普及指導員のための道具箱』
8) Weeks, Dudley (1994) “The Eight Essential Steps to Conflict Resolution” Tarcher/Putnam, New York.
9) Horne, P., A. Braun, J. S., Caldwell, and O. Ito. (2002) Improving adoption of agricultural technologies: How participatory research can complement conventional research approaches. CD, CIAT-JIRCAS-PRGA, Tsukuba, Japan. (訳題：農業技術の受容を高めるために、参加型研究法は従来の研究法をどのように補完できるか)
10) Geilfus, F. (1997)「参加型開発の80の道具：現状調査、企画、モニタリング、評価」PROCHALATE-IICA, エル・サルバドル国エル・サルバドル市 (スペイン語の原書の和訳版)
11) コールドウェル, J. S.・横山繁樹・後藤淳子編 (2000)『ファーミングシステム研究―理論と実践』国際農林水産業研究センター

12) Ashby, J. A., Braun, A. R. , Gracia, T.,del Pilar Guerrero, M., Hernandez, L.A., Quiros, C. A., and Roa, J. I. (2000) Investing in Farmers as Researchers: Experience with Local Agricultural Research Committees in Latin America. CIAT (International Center for Tropical Agriculture), Cali, Columbia.（研究者としての農家への投資—ラテンアメリカにおける地方農業研究委員会の実例）
13) 稲泉博己編（2017）『人・地域づくりに貢献する主体形成・価値創造型の農業・農村支援モデル』東京農業大学
14) 岩崎勝直（1952）「経営試験の意義、課題及研究法に就いて」『東北営農研究 旧農事試験場三本木原支場研究業績 東北農業試験場研究報告』第2号：29-46頁
15) 鈴木福松・田中俊・秋元勇（1958）「技術導入に関する研究I—技術浸透と経営構造—」『東北農業試験場研究報告』13：160-181頁
16) ジョン・S・コールドウェル（泉純）・佐藤了・八木宏典・和田照男（1993）「「営農試験」から農民主導の「むらおこし」へ」『農業および園芸』68（3）：335-342頁、68（4）：447-454頁
17) 野家啓一（2001）「「実証主義」の興亡」『理論と方法』16（1）：3-18頁
18) 永井均（1995）『ウィトゲンシュタイン入門』ちくま新書
19) 北出俊昭（2016）『米の価格・需給と水田農業の課題』筑波書房
20) 堀口健治・梅本雅・戦後日本の食料農業農村編集委員会編（2015）『大規模営農の形成史（戦後日本の食料・農業・農村）』農林統計協会
21) 森本秀樹（2009）『ステップアップ集落営農』農山漁村文化協会
22) 中央農業総合研究センター（2007）『集落営農組織化のポイント』

Ⅳ　協働学の展望

1) 帚木蓬生（2017）『ネガティブ・ケイパビリティ—答えの出ない事態に耐える力』朝日選書
2) 上田賢悦（2015）「AKISの視点からみたイノベーション・マネジメントと普及活動」CoP研究会（2015/11/6）配布資料
3) J・レイヴとE・ウェンガー著、佐伯胖訳（1993）『状況に埋め込まれた学習—正統的周辺参加』産業図書
4) 野中郁次郎（2002）「解説」、E・ウェンガー他『コミュニティ・オブ・プラクティス』翔泳社
5) 高木俊介（2016）「訳者 あとがき」、J・セイックラ他著、高木・岡田訳『オープンダイアローグ』日本評論社
6) 野口裕二（2018）『ナラティヴと共同性—自助グループ・当事者研究・オープンダイアローグ』青土社
7) 渡辺尚志（2017）「農村指導者たちの江戸時代」『農業普及研究』22（1）：6-13頁
8) 杉本忠利（2005）「普及事業の前史」、日本農業普及学会編『農業普及事典』23-27頁

9） 高橋修編著（2010）『アフガン農業支援奮闘記』石風社
10） 酒井直樹（1996）『死産される日本語・日本人』新曜社
11） 林兵弥（2018）「普及指導活動の阻害要因とそれを解消する二人称の視点」『農業普及研究』23（1）
12） 野口憲一（2013）「愛知県産レンコンの市場流通において農業改良普及員の果たした役割」『農業普及研究』18（1）
13） 宇沢弘文（2000）『社会的共通資本』岩波新書
14） 七戸長生（1988）『日本農業の経営問題―その現状と発展論理―』特に121-136頁、北海道大学図書刊行会
15） 佐藤了（2016）「食生活の変化と土地利用方式の革新」、日本農学会編『シリーズ21世紀の農学 国際土壌年2015と農学研究―社会と命と環境をつなぐ―』29-55頁、養賢堂

V　座談会　本書を深読みする

1） 内田由紀子・竹村幸祐（2012）『農をつなぐ仕事』創森社
2） 日本農業普及学会編著（2017）『聞く力、つなぐ力』発行：農文協プロダクション、発売：農文協
3） 上田賢悦（2015）「AKISの視点から見たイノベーション・マネジメントと普及活動」『農業普及研究』20（1）：25-28頁
4） 末永聡（2006）「農業における普及職員の橋渡し的役割に関する研究」『農業普及研究』11（1）：85-94頁
5） リカバリー普及学調査研究チーム（2009）「事例を活かす普及指導手法に関する研究」
6） 土屋耕治（2018）「ラーニングピラミッドの誤謬」『人間関係研究』17：55-73頁
7） 上田賢悦・清野誠喜（2016）「普及指導員の人材開発・育成における現状と課題」『農業普及研究』21（2）：53-67頁
8） 上田賢悦・清野誠喜（2016）「普及指導員の熟達過程に関する探索的研究」『フードシステム研究』23（3）：247-252頁
9） 中原淳（2012）『経営学習論―人材育成を科学する―』東京大学出版会
10） 林兵弥（2018）「普及指導活動の阻害要因とそれを解消する二人称の視点」『農業普及研究』23（1）：90-95頁
11） 東京大学社会科学研究所編（2009）『希望学1 希望を語る』東大出版会
12） 横山繁樹（2014）「農業普及とルーラル・アドバイザリー・サービスの国際潮流」『農業普及研究』19（2）
13） マイケル・ポランニー著、高橋勇夫訳（2003）『暗黙知の次元』ちくま学芸文庫
14） 野家啓一（2019）「科学思想から見た「農」の倫理」『農業普及研究』24（1）
15） 野家啓一（2005）『物語の哲学』岩波現代文庫

索 引

あ

か

さ

た

な

は

ま

や

ら

おわりに

日本農業普及学会は、学会設立20周年を機に学会の改革を検討してきました。その経緯は学会誌『農業普及研究』に詳しく述べられています(『農業普及研究』20 (1) 2015年)。具体的な取組みとしては、大会シンポジウムを分科会方式に組み替え、参加者同士が直接話し合う機会を増やし、大会テーマも、そもそも「普及」とは何かをめぐって歴史的背景や理念の考究に加え多彩なアプローチの紹介に努めてきました。そのスローガンは「共に創る私たちの普及学」(『農業普及研究』22 (1) 2017年) ですが、その裏には「本学会は時代の要請に十分応えられていないのでは」という危機感がありました。

本書は、このような学会の取組みを通じた、立場の違う者同士による協働の成果の一つです。それぞれの論考の大半は実践活動に裏打ちされたもので、執筆者26名の協働の実践記録といってもよいでしょう。多くは、悪戦苦闘の末にたどり着いた、気づきと学びです。本書で取り上げた事例に関わるすべての協働者の「思い」は伝わりましたでしょうか。協働のプロセスは予定調和ではありません。不協和音まで含めてみんなで奏でることが協働の営みです。これらの経験の共有が新たな取組み＝協働へとつながることを期待しています。

協働学へ向けた取組みはようやく一歩を踏み出しました。協働学に型はありません。そもそも型とは何か、型がなければ学とは呼べないのか、といった根源的な問いも含めて議論を重ねていかねばなりません。これは、大いなる挑戦ですが「型なし」に終わってしまう危うさもあります。型破りな芸（学）は型（既存の学問）を極めた者にしか到達できない、という冷徹な真理は素直に認めつつ、皆で事例を持ち寄り、経験を積み重ね共有する。この尽きることのない営為こそ、協働学のだいご味ではないでしょうか。

本書で紹介することのできた事例は、ほんの一部にすぎません。農福連携、JAの営農指導、フェアトレード、食農教育、民間によるビジネスモデル、地域おこし協力隊、都市農業、小中高での農業教育実践、地産地消、等々、協働の広がりはとどまるところを知りません。これらの多彩な動きに共通するのは、新たな協働者による斬新なアイデアとそれらを陰で（時には表に立って）支える地域に根差した従来の農業普及関係者とのコラボではないでしょうか。日本農業普及学会は、協働者、協働実践に少しでも関心を持たれるすべての方々に門戸を開いております。協働のやり方に正解はないがそれなりの作法はあるでしょう、というのが学会のスタンスです。皆様の参加をお待ちします。

最後に、本書出版に至る取組みにあたっては、実に多くの方々（事例で取り上げた協働の実践の当事者、半当事者、第三者）のご協力（ご批判、激励）をいただきました。あらためてお礼申し上げます。

日本農業普及学会会長　横山繁樹

編者

日本農業普及学会

農業生産技術および経営技術にかかわる農業普及活動を実践面、理論面から支援することを目的として1994年に設立。農業分野の普及事業関係者、試験研究者、教育関係者、行政関係者、先進的な農業者などを会員とする日本学術会議の協力学術研究団体。研究大会やセミナーを通じての普及関係活動やその成果の発表、表彰事業や学会誌『農業普及研究』の発行などを行っている。

編集委員長

佐藤 了

秋田県立大学生物資源学部名誉教授、前日本農業普及学会会長

常任編集委員

岩元明久

（一社）全国農業改良普及支援協会会長、日本農業普及学会副会長

宇根 豊

百姓、農と自然の研究所代表

ジョン・コールドウェル

元国際農林水産業研究センター特別調査員、日本農業普及学会特別顧問

横山繁樹

国際農林水産業研究センター、日本農業普及学会会長

著者

板垣啓四郎　東京農業大学国際食料情報学部教授

稲泉博己　東京農業大学国際食料情報学部教授

岩元明久　（一社）全国農業改良普及支援協会会長、日本農業普及学会副会長

上田賢悦　秋田県立大学生物資源科学部准教授

宇根 豊　百姓、農と自然の研究所代表

小池 甲　新潟県農林水産部農産園芸課生産環境係主査

櫻井清一　千葉大学大学院園芸学研究科教授

笹倉修司　（株）クボタ技術顧問

佐藤 了　秋田県立大学生物資源学部名誉教授、前日本農業普及学会会長

佐藤美智子　千葉県東葛飾農業事務所主任上席普及指導員（兼）グループリーダー

ジョン・コールドウェル　元国際農林水産業研究センター特別調査員、
日本農業普及学会特別顧問

神保信幸　全国農業改良普及職員協議会事務局長、
元千葉県農林水産部担い手支援課専門普及指導室長

関尾政典　岐阜県農業大学校副校長

関戸章一　栃木県塩谷南那須農業振興事務所次長

園田 誠　熊本県農林水産部農業技術課普及技術伝承員

寺島秀勝　元長野県農業改良普及員、専門技術員

西尾敏彦　元農林水産技術会議事務局長

野口憲一　日本大学文理学部非常勤講師、（株）野口農園取締役

林 兵弥　大阪府南河内農と緑の総合事務所農の普及課総括主査

福田浩一　（株）日本農業サポート研究所代表取締役

藤代岳雄　神奈川県農業技術センター北相地区事務所

佛田利弘　（株）ぶった農産代表取締役

森本秀樹　兵庫県丹波篠山市農都創造政策官、
元兵庫県立農林水産技術総合センター専門技術員

横田修一　（有）横田農場代表取締役

横山繁樹　国際農林水産業研究センター、日本農業普及学会会長

渡部和彦　千葉県農林水産部担い手支援課専門普及指導室主席普及指導員

農家・農村との協働とは何か

50のテーマから考える協働学入門

日本農業普及学会 編

2020年３月10日　第１刷発行

発行　株式会社 農文協プロダクション
〒107-0052　東京都港区赤坂7-5-17
電話：03-3584-0416
FAX：03-3584-0485
URL：http://www.nbkpro.jp/
印刷　株式会社 杏花印刷

発売　一般社団法人 農山漁村文化協会
〒107-8668　東京都港区赤坂7-6-1
電話：03-3585-1142（営業）　03-3585-1145（編集）
FAX：03-3585-3668
URL：http://www.ruralnet.or.jp/

ISBN978-4-540-19218-0〈検印廃止〉

ブックデザイン／堀渕伸治©tee graphics